U0872290

AP1000 核电厂
核岛系统初级运行

主 编 缪亚民

副主编 章金平 陈伦寿 吴元明

中国原子能出版传媒有限公司

图书在版编目(CIP)数据

AP1000 核电厂核岛系统初级运行/缪亚民主编.
—北京:中国原子能出版传媒有限公司,2011.3
ISBN 978-7-5022-5174-1

Ⅰ.①A… Ⅱ.①缪… Ⅲ.①核电厂—电力系统
运行 Ⅳ.①TM623.7

中国版本图书馆 CIP 数据核字(2011)第 031102 号

内 容 简 介

本书根据 AP1000 相关技术文件并参考《AP1000 核电厂系统与设备》编写而成,主要介绍了一回路及其辅助系统、专设安全设施、加热系统、通风系统及空调系统和放射性废物处理系统,详细介绍了 AP1000 核电厂核岛各主辅系统的功能、流程、主要设备、系统运行、重要参数等内容。

本书可作为 AP1000 核电厂运行人员和专业工程师的自学和理论培训读本,也可作为从事 AP1000 第三代核电技术的运行、管理等其他工程技术人员的参考书。

AP1000 核电厂核岛系统初级运行

出版发行	中国原子能出版传媒有限公司(北京市海淀区阜成路 43 号　100048)
责任编辑	王　丹
技术编辑	丁怀兰　王亚翠
责任印制	潘玉玲
印　　刷	保定市中画美凯印刷有限公司
经　　销	全国新华书店
开　　本	787 mm×1092 mm　1/16
印　　张	8.5　　**字　数**　207 千字
版　　次	2011 年 9 月第 1 版　2011 年 9 月第 1 次印刷
书　　号	ISBN 978-7-5022-5174-1　　**定　价**　**45.00 元**

网址:http://www.aep.com.cn　　**E-mail:atomep123@126.com**
发行电话:010-68452845

版权所有　侵权必究

中国核工业集团公司
核电培训教材编审委员会

总　　编　孙　勤

副 总 编　余剑锋　叶奇蓁

编辑委员会

主　　任　陈　桦

副 主 任　程慧平　孙习康　张　涛

委　　员　仲卫东　刘志勇　马明泽　戚屯锋　邹正宇
顾颖宾　商幼明　缪亚民　赵　云　葛政法
周建虎　李苏甲　杨树录　李和香　段光荣

执行编委

谢　波　马寅军　王晓波　叶丹萌　莫银良
高小林　鲁忆迅　唐锡文　谢先林　蔡黎勇
修卫彬　刘　朔　肖　武　刘玉山

编委会办公室

姜福明　朱　黎　张红军　吴国安　程建秀
宫育锋　章　超　丁怀兰　黄　芳　戴　兵
廖昌斌　方朝霞　沈　阳　王亚翠

《AP1000核电厂核岛系统初级运行》
编 辑 部

主　　编　缪亚民

副 主 编　章金平　陈伦寿　吴元明

编　　写　张小冬

校　　对　王大勇

统　　审　陈　森　陆鹏飞

总　序

核工业作为国家高科技战略性产业，是国家安全的重要基石、重要的清洁能源供应，以及综合国力和大国地位的重要标志。

1978 年以来，我国核工业第二次创业。中国核工业集团公司走出了一条以我为主发展民族核电的成功道路。在长期的核电设计、建造、运行和管理过程中，积累了丰富的实践和理论经验，在与国际同行合作过程中，实现了技术和管理与国际先进水平相接轨，取得了骄人的业绩。

中国核工业集团公司在三十多年的核电建设中，经历了起步、小批量建设、快速发展三个阶段。我国先后建成了秦山、大亚湾、田湾三大核电基地，实现了我国大陆核电“零”的突破、国产化的重大跨越、核电管理与国际接轨，走出了一条以我为主，发展民族核电的成功之路。在最近几年中，发展尤为迅猛。截至 2008 年底，核电运行机组 11 台，装机容量 907.82 万千瓦，全部稳定运行，态势良好。

进入新世纪，党中央、国务院和中央军委对核工业发展高度重视、极为关怀，对核工业做出了新的战略决策。胡锦涛总书记指出：“无论从促进经济社会发展看，还是从保障国家安全看，我们都必须切实把我国核事业发展好”。发展核电是优化能源结构、保障能源安全、满足经济社会发展需求的重要途径。2007 年 10 月，国务院正式颁布了《核电中长期发展规划（2005—2020 年）》。核电进入了快速、规模化、跨越式发展的新阶段。

在中国核电大发展之际，中国核工业集团公司继续以“核安全是核工业的生命线”的核安全文化理念和“透明、坦诚和开放”的企业管理心态，以推动核电又好又快又安全发展为己任，为加速培养核电发展所需的各类人才，组织核电领域专家，全面系统地对核电设计、工程建造、电站调试、生产准备和生产运营等各阶段的知识进行了梳理，构造了有逻辑性、系统性的核电知识体系，形成了覆盖核电各阶段的核电工程培训系列教材。

这套教材作为培养核电人才的重要工具，是国内目前第一套专业化、体系化、公开出版的核电人才培养系列教材，有助于开展培训工作，提高培训质量、节约培训成本，夯实核电发展基础。它集中了全集团的优势，突出高起点、实用性强，是集团化、专业化运作的又一次实践，是中国核工业50余年知识管理的积淀，是中国核工业10万人多年总结和实践经验的结晶。

21世纪是“以人为本”的知识经济时代，拥有足够的优秀人才是企业持续发展的重要基础。中国核工业集团公司愿以这套教材为核电发展开路，为业界理论探讨、实践交流提供参考。

我们要继续以科学发展观为指导，认真贯彻落实党中央、国务院的指示精神，积极推进核电产业发展。特别是要把总结核电建设经验作为一项长期的工作来抓，不断更新和完善人才教育培训体系。

核电培训系列教材可广泛用于核电厂人员培训，也可用于核电管理者的学习工具书，对于有针对性地解决核电厂生产实践和管理问题具有重要的参考价值。

中国核工业集团公司总经理 孙勤

2009年9月9日

前　言

为了贯彻三门核电有限公司“育才·成才”的战略方针，适应三门核电AP1000工程建设的进展，满足公司人员培训学习的需求，在继《AP1000核电厂系统与设备》编写完成之后，公司组织编写了又一套关于系统方面的培训教材。本套丛书分为四本，分别为《AP1000核电厂核岛系统初级运行》、《AP1000核电厂常规岛系统初级运行》、《AP1000核电厂电气系统初级运行》和《AP1000核电厂外围系统初级运行》(下文分别简称为《核岛篇》、《常规岛篇》、《电气篇》和《外围篇》)。

丛书主要依据AP1000相关技术文件并参考《AP1000核电厂系统与设备》编写而成。丛书图文并茂，覆盖面广，文字通俗易懂，是一套适用性、针对性较强的技术培训读本。本丛书主要用作AP1000核电厂运行值班员和专业工程师的自学和理论培训读本，也可作为其他工程技术人员的参考书。

《核岛篇》主要介绍了一回路及其辅助系统、专设安全设施、HVAC和放射性废物处理系统。《常规岛篇》主要介绍了二回路水汽循环、汽轮发电机辅助系统和常规岛辅助系统。《电气篇》主要介绍了厂内外电源系统、主发电系统和电气其他系统，最后并阐述了主泵变频器和厂用电切换等专题。《外围篇》主要介绍了厂址废物处理设施(SRTF)、海水淡化和除盐水制备及分配等水处理系统、辅助蒸汽供应和电厂气体等电厂其他支持系统的相关知识。

在丛书的编制过程中，公司领导给予了极大的关注，04级和05级预备操纵员也对丛书提出了许多宝贵的建议，在此一并表示感谢。这套丛书在编写的体系和内容组织方面作了一些新的尝试，加之时间仓促和编者水平有限，书中难免有缺点和不妥之处，恳请读者批评指正。

编　者

2010年6月

目　　录

第一章　核岛概述

第二章　一回路及其辅助系统

第三章　专设安全设施

第四章 加热、通风及空调系统

第五章　放射性废物处理系统

第一章　核岛概述

1.1　核岛系统组成

核岛是核蒸汽供应系统及与之相关的辅助系统、支持系统以及包容这些系统的厂房的统称，核岛系统主要包括一回路及其辅助系统、专设安全设施、通风系统及三废处理系统等。核岛厂房主要包括屏蔽厂房、反应堆厂房、辅助厂房、附属厂房及燃料厂房等。

核蒸汽供应系统由一回路（反应堆冷却剂系统）及与一回路相连接的系统所组成。一回路的主要设备有反应堆堆芯、压力容器、蒸汽发生器、稳压器、主泵及管道等。一回路冷却剂的主要作用是将反应堆堆芯产生的热量带到蒸汽发生器，传给二回路给水，以产生蒸汽。

专设安全设施的主要功能是在发生设计基准事故时，确保反应堆安全停堆，为反应堆提供冷源以排出堆芯余热，实现安全壳隔离并确保安全壳的完整性。AP1000 在传统成熟的压水堆核电技术的基础上，采用非能动的严重事故预防和缓解措施。这种设计简化了安全系统配置，减少了安全支持系统，减少了安全级设备和抗震厂房，提高了可操作性。另外，非能动安全系统的设计取消了 1E 级应急柴油机系统和大部分安全级能动设备，这也降低了大宗材料的需求。

其他辅助及支持系统则为核蒸汽供应系统及专设安全设施等提供必要的运行支持，并为厂房内人员及设备提供适宜的温度及湿度等。

1.2　电厂参数

1.2.1　电厂总体参数

电厂总体参数见表 1-2-1。

表 1-2-1　电厂总体参数

参数名称	参数值	参数名称	参数值
电厂设计寿命	60 a	反应堆热功率	3 400 MW
设计地震烈度（地面加速度）	0.3 g	电厂效率（净）	32.7%
电厂输出电功率（毛）	1 200 MW	电厂可利用率	93%
电厂输出电功率（净）	1 117 MW	堆芯熔化概率	$5.08\times10^{-7}\ a^{-1}$
核蒸汽供应系统热功率	3 415 MW	大量早期释放概率	$5.94\times10^{-8}\ a^{-1}$

1.2.2 核蒸汽供应系统

核蒸汽供应系统参数见表 1-2-2。

表 1-2-2 核蒸汽供应系统参数

参数名称	参数值	参数名称	参数值
主蒸汽管路数	2	额定工况下的蒸汽流量	1 888.7 kg/s
冷却剂环路数 冷段 热段	 4 2	蒸汽压力(限流器出口,零堵管)	5.61 MPa
		蒸汽温度(限流器出口,零堵管)	271 ℃
		蒸汽最大湿度	0.30%
额定功率下反应堆冷却剂系统水体积(包括稳压器水体积)	272 m^3	给水温度	226.7 ℃

1.2.3 反应堆冷却剂系统

反应堆冷却剂系统参数见表 1-2-3。

表 1-2-3 反应堆冷却剂系统参数

参数名称	参数值	参数名称		参数值
最佳估计流量	2×35 772 m^3/h	冷却剂温度	反应堆入口	280.7 ℃
热工设计流量	2×34 055 m^3/h		反应堆出口	321.1 ℃
最大测量流量	2×34 699 m^3/h		额定功率下平均温度	300.9 ℃
机械设计流量	2×37 203 m^3/h		零功率下平均温度	291.7 ℃
热段内径	78.7 cm		反应堆堆芯平均温升	42.6 ℃
冷段内径	55.9 cm			
反应堆运行压力	15.41 MPa			

1.2.4 反应堆堆芯

反应堆堆芯参数见表 1-2-4。

表 1-2-4 反应堆堆芯参数

参数名称	参数值	参数名称	参数值
活性区高度	4.267 m	平均燃料功率密度	40.2 kW/kgU
燃料组件数	157	平均燃料功率密度(体积)	109.7 kW/L
堆芯等效直径	3.04 m	平均燃料线功率密度	18.7 kW/m
堆芯传热面积	5 268 m^2	总热流密度热管因子	2.6
燃料装量	84.5 t	焓升热管因子	1.65

续表

参数名称	参数值	参数名称	参数值
燃料组件总长	4 795 mm	包壳厚度	0.57 mm
燃料棒排列	17×17(正方)	燃料棒外径	9.5 mm
结构格架数	10	可燃毒物吸收体	IFBA+WABA
中间搅混格架数	4	控制棒数目,黑棒/灰棒	53/16
燃料棒数/组件	264	每个控制棒组件吸收棒数	24
燃料材料	烧结的 UO_2	控制棒吸收体材料:	
第一堆芯富集度	2.35%/3.4%/4.45%	黑棒	银-铟-镉
燃料循环长度	18 月	灰棒	钨
加料富集度(平均质量分数)	4.571 4%	驱动机构	磁力提升
平均卸料燃耗	50 GW·d/tU	提棒速率	114.3 cm/min
燃料包壳材料	ZIRLO™	可溶中子吸收体	硼

1.3 AP1000 构筑物、部件和系统分级

1.3.1 抗震分级

AP1000 的构筑物、系统和部件(以下称为“物项”)的抗震等级划分为三级:抗震Ⅰ级(C-Ⅰ),抗震Ⅱ级(C-Ⅱ)和非抗震级(NS)。

抗震Ⅰ级物项属于安全相关物项,要求在安全停堆地震情况下同时具备功能完整性和结构完整性,如安全壳、辅助厂房等等。

抗震Ⅱ级物项在安全停堆地震情况下仅要求保证其结构完整性,如电厂排放口等等。

非抗震级物项是不属于抗震Ⅰ级或Ⅱ级的物项。在安全停堆期间,若靠近安全相关物项的非抗震级物项失效时,可能导致安全相关物项的功能丧失,则应将该非抗震级物项定为抗震Ⅱ级。

1.3.2 AP1000 构筑物、部件和系统安全和质量分级

AP1000 的构筑物、系统和部件(以下称为“物项”)划分为 A、B、C、D、E、F、L、P、R 或 W 级,其中,A、B、C 级为安全级,其余为非安全级。A、B 级适用于机械设备,C 级适用于电气设备,C 级等同于 IEEE 标准的 1E 级。D 级为在采购、检查或监控上有一些附加要求的非安全相关物项。设备 E、F、L、P、R 和 W 级是与不同的工业规范和标准有关的非安全相关级。

1.3.2.1 设备 A 级

设备 A 级是安全相关级,等同于 ANS 安全Ⅰ级。反应堆冷却剂系统压力边界(包括必需的隔离阀和机械支承)属于设备 A 级。设备 A 级要求最严格的完整性和最低的泄漏率。

对应于设备 A 级的物项属于抗震Ⅰ级,其使用的规范和标准与 NRC 质量 A 组,10CFR50 附录 B 和 ASME 规范第Ⅲ卷Ⅰ级设备的导则相一致。

1.3.2.2 设备B级

设备B级是安全相关级,等同于ANS安全2级。在设计基准事故后,它限制安全壳释放放射性物质的泄漏率。

对应于设备B级的物项属于抗震Ⅰ级,其使用的规范和标准与NRC质量B组,10CFR附录B和ASME规范第Ⅲ卷,2级或MC级设备的导则相一致。ASME规范第Ⅲ卷NE分卷适用于安全壳和防护管道。

1.3.2.3 设备C级

设备C级是安全相关级,等同于ANS安全3级。它执行减轻设计基准事故和其他设计基准事件的安全相关功能。

对应于设备C级的物项属于抗震Ⅰ级,其使用的规范和标准与NRC质量C组,10CFR50附录B和ASME规范第Ⅲ卷,3级设备的导则相一致。

1.3.2.4 设备D级

设备D级是对采购、检验或监测方面有附加要求的非安全相关级。对包容放射性的D级物项,由保守分析已证明因设计基准事件引起的失效不会导致超过10CFR20规定的正常厂外剂量。此准则与RG1.26中D级定义相一致。

为防止非能动系统不必要的动作,而需要投入的非安全级物项及其支持物项可定为D级。

1.3.2.5 其他设备级别

E、F、L、P、R和W级设备是非安全相关级,它们不属于上述设备级别的物项;它们不执行安全相关功能;它们不包容足够的放射性物质(它的释放可能会导致超过放射性限值)。

对于E、F、L、P、R和W级的物项没有特殊的质量保证要求,可按工业标准进行设计。

E级—适用于下列各级别中涉及的没有专用工业标准或级别的非安全相关的构筑物、系统和部件。

F级—适用于防火系统。遵守美国国家防火协会规范:ANSI B31.1、AWWA(美国给水工程协会)、API(美国石油研究所)、Underwriters实验室(UL)和其他使用的规范。在某些情况下防火系统被设计成AP1000设备C级。

L级—适用于换热,通风和空调系统。遵守SMACNA—1985标准。部件也可按AMCA和ASHRAE标准采购。

P级—适用于管道暖通系统设备。遵守美国国家管道暖通规范。

R级—适用于用来包容、清洁或排除放射性污染空气的空气净化装置和部件。遵守ASME509规范。当使用10CFR50附录B质量保证时可等同于C级。

W级—适用于给水工程。遵守美国给水工程协会导则,无专用的质量保证要求。

复习思考题

1. 核岛系统主要包括哪些?
2. AP1000的物项抗震级别分为哪三类?

第二章　一回路及其辅助系统

2.1　反应堆本体系统(RXS)

2.1.1　概述

反应堆本体系统用于确保堆芯能按核设计要求进行安全可控的链式反应；确保核裂变释放的热量能按热工水力设计要求有效地排出；确保在寿期内全部堆内构件保持良好性能，即使在事故时仍能保证堆芯的安全性及结构完整性。

2.1.2　系统功能

2.1.2.1　安全相关功能

安全相关功能是指在发生可能会导致一回路冷却剂中的放射性物质向外释放的事故时，可以用来控制、缓解、终止事故或维持放射性物质释放水平低于法规要求的那些功能。安全相关功能主要包括：

(1) 维持一回路压力边界的完整性；

(2) 使反应堆安全停闭并使反应堆维持在安全停堆状态；

(3) 防止那些可能导致放射性物质向外释放的事故发生，或缓解事故后果。

反应堆本体系统的安全相关功能简述如下：

(1) 将燃料和裂变产物包容在燃料包壳内；

(2) 提供多种方式来控制堆芯的剩余反应性；

(3) 反应堆紧急停堆时，控制棒可以在重力的作用下在规定的时间内插入堆芯，确保安全停堆；

(4) 提供一个完整的压力边界以包容反应堆冷却剂、堆芯和裂变产物。一回路压力边界是裂变产物释放的第二道安全屏障；

(5) 为燃料组件提供支撑，并维持燃料组件的方位；

(6) 为反应堆冷却剂提供流道以充分导出堆芯产生的热量，具体包括：

1) 确保堆芯流量分配适当；

2) 抑制冷却剂向上流动导致的燃料组件运动；

3) 避免流致振动。流致振动可能导致堆芯部件材料的疲劳或磨蚀；

4) 为控制棒组件进行导向和定位；

5) 确保每个燃料组件产生的热量都能被冷却剂充分的带走。

2.1.2.2　其他功能

(1) 当堆芯熔化时，堆芯内的熔融碎片聚集在压力容器底部。在发生这种事故时，反应堆堆腔被水淹没，压力容器外表面与水直接接触以带出堆芯热量。

（2）在不超越核物理、热工水力和机械限值的条件下，使产生的热功率满足输出电功率的要求。

（3）为以下系统和设备提供必要的支撑、屏蔽和隔离：

1）控制棒驱动机构及其冷却系统；

2）压力容器顶盖排气系统；

3）堆芯仪表系统；

4）棒位测量系统；

5）相关的电源和仪表电缆。

2.1.3 系统描述

反应堆本体系统主要包括以下部件：压力容器、堆芯、堆内构件、控制棒驱动机构、一体化封头、堆芯仪表系统等。

压力容器包容一回路冷却剂，并支撑堆内构件。压力容器有4个入口接管，两个出口接管。每个入口接管均与反应堆冷却剂系统的一个冷段相连。冷却剂从入口管线流入压力容器，沿堆芯吊篮外壁和压力容器内壁之间的环形通道向下流到压力容器底部的腔室，然后流经流量分配裙筒，再向上流经堆芯。冷却剂流出堆芯以后直接进入两条出口接管，每个接管均与反应堆冷却剂系统的一条热段管线相连。另外，压力容器还有两个直接注入管线，用于在事故下进行安全注入或停堆冷却等操作。

反应堆堆芯由燃料组件、棒束控制组件、灰棒控制组件、可燃毒物棒组件、中子源棒组件、阻力塞棒组件组成。燃料组件为产生热功率的热源，棒束控制组件和灰棒控制组件为反应堆提供机械反应性控制手段，可燃毒物棒组件用于补偿堆芯最初装载时的后备反应性，以保证负的慢化剂温度系数。燃料组件位于堆芯下支撑板和上堆芯板之间，这些平板中间都有开孔，以允许冷却剂的流通和堆芯测量仪表、控制棒驱动机构的插入。堆芯围筒位于堆芯和堆芯吊篮之间，一方面可以将燃料组件夹紧，另一方面也可以引导冷却剂流经堆芯。

控制棒驱动机构位于压力容器上封头的上方，用于控制棒束控制组件和灰棒控制组件的升降。当控制棒驱动机构失电时，控制棒落入堆芯，使反应堆紧急停堆。

控制棒驱动机构可以单独控制每个灰棒控制组件或棒束控制组件插入或提出堆芯。PLS系统和PMS系统产生的控制和保护信号控制控制棒驱动机构，继而控制灰棒控制组件和棒束控制组件的移动。灰棒控制组件和棒束控制组件相对于燃料组件的轴向位置由棒位测量系统提供。

控制棒的设计能够满足反应堆正常启动、停堆及燃耗补偿的需要。即使在最大价值的一组控制棒卡在堆芯顶部时，控制棒的插入也可以满足停堆裕度的要求。AP1000包含53组棒束控制组件和16组灰棒控制组件。棒束控制组件包含24根控制棒，每个控制棒均采用Ag-In-Cd材料作为中子吸收体；灰棒控制组件也包含24根控制棒，其吸收体材料为钨。

一体化封头是由几个部件组成的一个组件，其设计的目的是通过在换料大修期间合并顶盖吊运的几个操作来缩短大修时间和减少人员辐照剂量。另外，一体化封头的概念减少了安全壳内存放空间的要求。

2.1.4　主要设备

2.1.4.1　压力容器

如图 2-1-1 所示，压力容器由半球形上封头、圆筒段和下封头组成。上封头与圆筒段通过法兰连接。圆筒段由上筒体、下筒体组成。下筒体通过一个过渡段与半球形底封头连接。上筒体、下筒体、过渡段和下封头由低合金碳钢制造，并堆焊奥氏体不锈钢。上筒体与下筒体、下筒体与过渡环、过渡环与下封头均采用焊接连接。

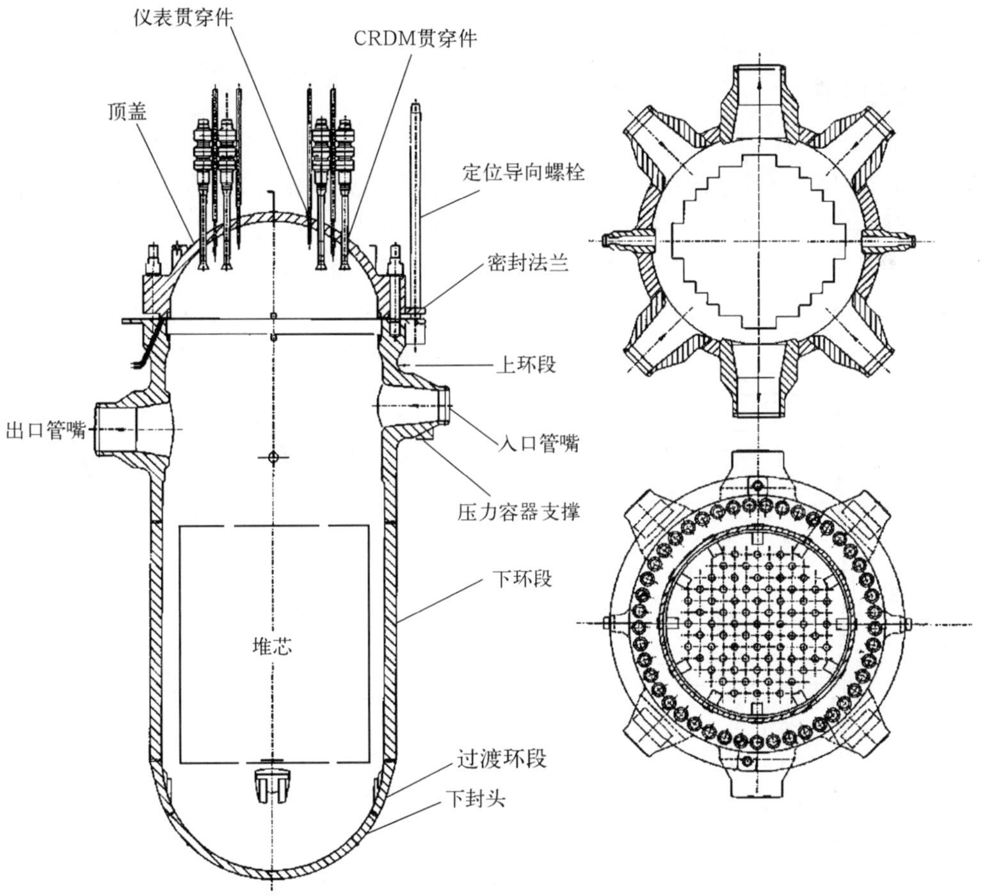

图 2-1-1　反应堆压力容器

上封头和法兰均由一件整体的低合金碳钢锻件加工而来，并在内表面堆焊了奥氏体不锈钢。上封头和压力容器本体(包括上筒体、下筒体、下封头)通过螺栓连接，在法兰连接处设置了两道金属 O 形密封环，用于防止放射性冷却剂泄漏。同时还设置有两道泄漏连接管线来收集通过 O 形环的泄漏，一道在内外密封圈之间，另一道在第二道密封圈的外侧。这两条管线合并成一条管线后连接至反应堆冷却剂疏水箱。在电厂正常运行期间，泄漏阀处于开启状态，通过第一道密封圈的泄漏被引至反应堆冷却剂疏水箱。

压力容器在上筒体的上部加工出凸肩，堆芯吊篮通过上部凸肩悬挂并被压紧在凸肩上。

压紧弹簧安置于在吊篮的上表面，而上支撑板安置在压紧弹簧的上表面。由于上封头的安装，压紧弹簧被压紧，从而限制了上部和下部堆内构件的任何轴向运动。

在上封头上设置有77个贯穿件，其中69个贯穿件作为控制棒驱动机构的移动通道，8个贯穿件用作堆内中子通量测量和堆芯出口温度测量仪表的通道。另外，上封头上还有一个排气孔，可以在需要时对压力容器进行排气或卸压。

压力容器由四个支撑块支撑，四个支撑块与四个进口接管一一对应。这些支撑块坐落在支撑结构上的钢垫块上，支撑结构与混凝土基础相连。压力容器由于温度变化而产生的膨胀和收缩由支撑块和钢垫块表面之间的滑动来补偿。

压力容器下封头上没有贯穿件，这样可以消除由于压力容器下部贯穿件泄漏而引起LOCA事故导致使堆芯裸露的可能性。

2.1.4.2 堆内构件

(1) 下部堆内构件

如图2-1-2所示，下部堆内构件包括堆芯吊篮、堆芯下支撑板、二次堆芯支撑结构、涡流抑制板、堆芯围筒、辐照监督套管、径向支撑结构和相应的附件。反应堆运行期间，吊篮引导冷却剂从压力容器进口接管进入下降段，然后进入下腔室。冷却剂转向后向上流经堆芯下支撑板，然后进入堆芯区域。小部分的旁通流量不经过堆芯，用来冷却压力容器顶盖和堆芯围筒。

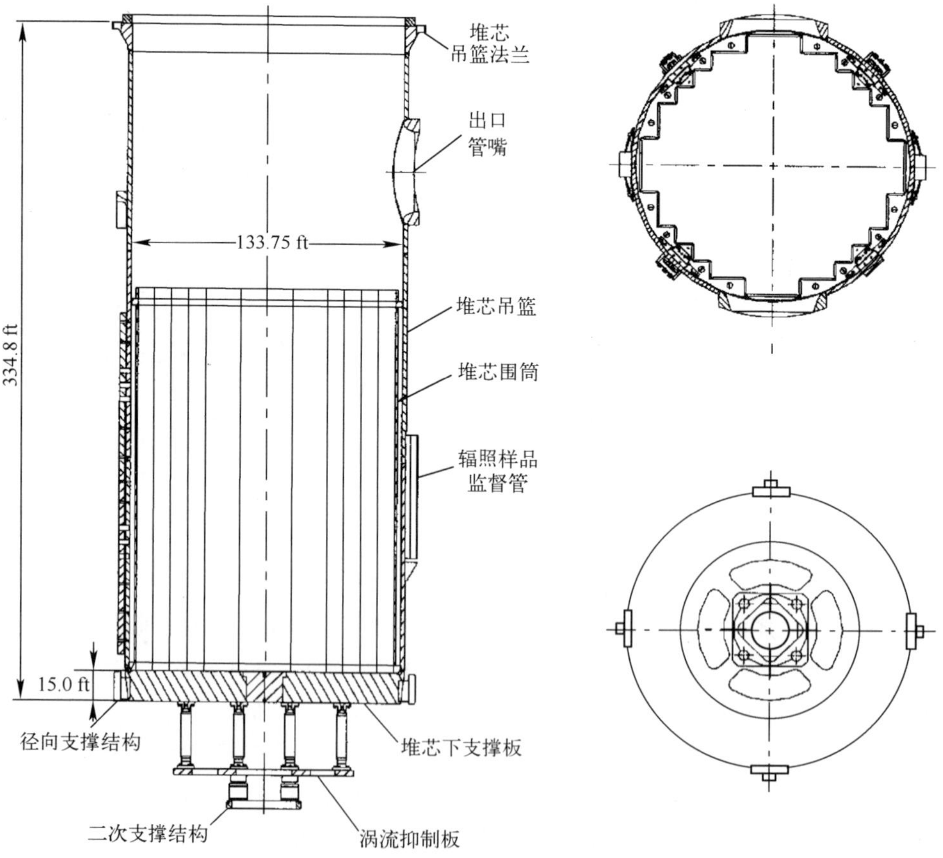

图2-1-2 下部堆内构件结构图

下部堆内构件的主要材料为300系列的奥氏体不锈钢。下部堆内构件和吊篮一起悬挂在压力容器法兰的凸肩上，并由与压力容器内壁连接的径向支撑结构来限制其径向运动。径向支撑结构由堆芯吊篮组件下部的导向定位装置组成。这些导向定位装置与压力容器上的U形嵌入件相配合，用于限制堆芯吊篮下部的转动和或平移运动，但允许径向热膨胀和轴向位移。

堆芯围筒位于吊篮内部，堆芯下支撑板上部。围筒形成了堆芯的径向边界，用于引导冷却剂流过堆芯。通过对燃料组件与围筒之间的空腔尺寸的控制，可以控制通过堆芯的冷却剂流量。堆芯围筒作为圆形堆芯吊篮和方形燃料组件之间的过渡区域。

竖直向下的载荷，包括重力、预压的燃料组件、控制棒动态载荷、水力载荷和地震加速度等，由堆芯下支撑板来承担并通过吊篮壳体传递到吊篮的法兰上。地震加速度、冷却剂径向流动和振动等径向载荷由吊篮壳体来承载，通过吊篮壳体并利用下部径向支撑结构传递到压力容器的筒壁和法兰上。燃料组件造成的径向载荷通过堆芯下支撑板与吊篮筒体的直接连接和上部堆芯板的对中销传递到吊篮的筒体上。

在假想事故后发生堆内构件向下运动的情况下，二次支撑结构可以作为能量吸收器，限制作用在压力容器上的动态载荷。另外，二次支撑结构将竖直载荷均匀地传递给压力容器，限制吊篮的轴向位移，从而防止在吊篮断裂时控制棒从堆芯中抽出过多，造成反应堆严重的超临界事故。另外，二次支撑机构也可以用来防止在吊篮断裂时控制棒完全从堆芯抽出，从而导致在堆顶的控制棒无法正常插入堆芯。

下腔室涡流抑制板位于压力容器的下腔室内，用来限制冷却剂进入下腔室空间时产生的涡流。涡流抑制板由堆芯下支撑板的支撑柱来提供支撑。

在堆芯中心平面的高度处，在吊篮外壁设置了辐照监督套管，用于监督压力容器的辐照损伤发展情况。

(2) 上部堆内构件

上部堆内构件位于堆芯上部，由上部支撑板、支撑柱、上堆芯板、导向管组件和相应的附件组成，如图2-1-3所示。运行期间，冷却剂从堆芯向上流过上堆芯板，然后经出口接管流出。

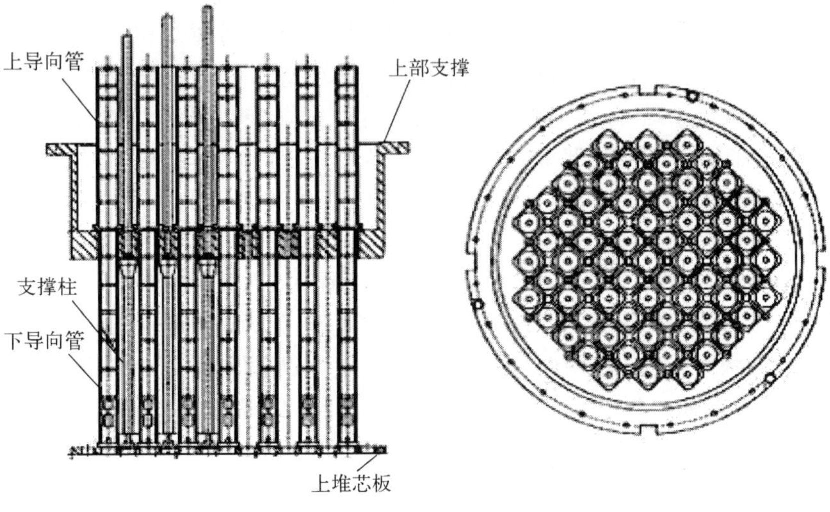

图2-1-3　上部堆内构件结构图

支撑柱位于上部支撑板和上堆芯板之间，其上端和下端分别固定在上部支撑板和上堆芯板上，支撑柱在这两块板之间传递机械载荷。

仪表导向管组件内部设有固定式堆内探测器，在探测器安装过程中、探测器拆卸过程中和反应堆功率运行时导向管组件均可以为探测器提供保护通道。

控制棒导向管组件为控制棒和控制棒驱动杆提供保护通道，并提供导向作用。控制棒导向管组件固定在堆芯上支撑板上，并通过销钉与上堆芯板连接，以便于更好的定位和支撑。

在吊篮和上部堆内构件之间设置有一个压紧弹簧，通过上封头的安装可以压缩压紧弹簧，对吊篮预加载荷。

竖直载荷，包括重力、地震加速度、水力载荷和燃料组件的预加载荷，经过上堆芯板、支撑柱、上部支撑板，最后传递给压力容器顶盖。径向载荷，包括冷却剂径向流动、地震加速度和一些可能的振动，通过支撑柱分配给上部支撑板和上堆芯板。上部支撑板具有足够的刚性，以减少变形。

2.1.4.3 堆芯

堆芯是反应堆本体系统的主要组成部分，也是反应堆本体系统热量产生的源泉。

反应堆堆芯由燃料组件、棒束控制组件、灰棒控制组件、可燃毒物棒组件、中子源棒组件、阻力塞棒组件组成。

燃料组件共有157组，每个燃料组件包含264根燃料棒，按17×17排列。燃料组件还包含24个控制棒导向管和1个仪表导向管。仪表导向管位于燃料组件的中心，为堆芯中子注量率测量和堆芯出口热电偶温度计提供导向。根据燃料组件在堆芯内位置的不同，导向管可以为棒束控制组件、灰棒控制组件、中子源组件和可燃毒物组件提供通道。上管座、下管座直接与这些导向管相连，为其提供机械支撑。每个燃料组件还设有定位格架，用于将燃料棒定位、夹紧。

燃料棒位于燃料组件的上、下管座之间。燃料棒被14层定位格架(上格架、下格架、8个中间格架和4个中间搅混格架)所支撑，另外还有1层保护格架。上格架的材料为因科镍718，下格架的材料为因科镍718，中间格架和中间搅混格架的材料为ZIRLO。上格架、下格架和中间格架为燃料棒提供轴向或径向支撑。另外，4个中间搅混格架也能为控制棒提供支撑。保护格架、下管座上的碎片过滤器和燃料棒下端塞均可以缓解燃料碎片的释放。

燃料组件垂直安装在压力容器内，通过定位销垂直安装在堆芯下支撑板上。当燃料组件安装到位之后，就开始安装上部堆内构件。上堆芯板上的定位销与燃料组件的上部连接，同时上堆芯板通过压紧每个燃料组件上管座上的压紧弹簧来固定每个燃料组件。

(1) 燃料棒

燃料棒的结构图如图2-1-4所示。燃料棒普遍使用二氧化铀烧结陶瓷型芯块，芯块被装在冷加工过的ZIRLO包壳中。ZIRLO是一种具有优良机械性能和低中子吸收截面的先进锆合金。燃料芯块呈圆柱体，内含低富集度的二氧化铀材料。每个燃料芯块均为中凹的蝶形，这样的设计一方面可以补偿芯块中心区的热膨胀，另一方面也可以为裂变气体的释放提供了空间。每个燃料芯块在圆柱体的外表面加工出倒角，以减少燃料棒操作过程中可能造成的燃料芯块损坏。

燃料芯块与包壳之间设有空腔，以容纳裂变气体的释放、燃料肿胀以及燃料芯块与包壳

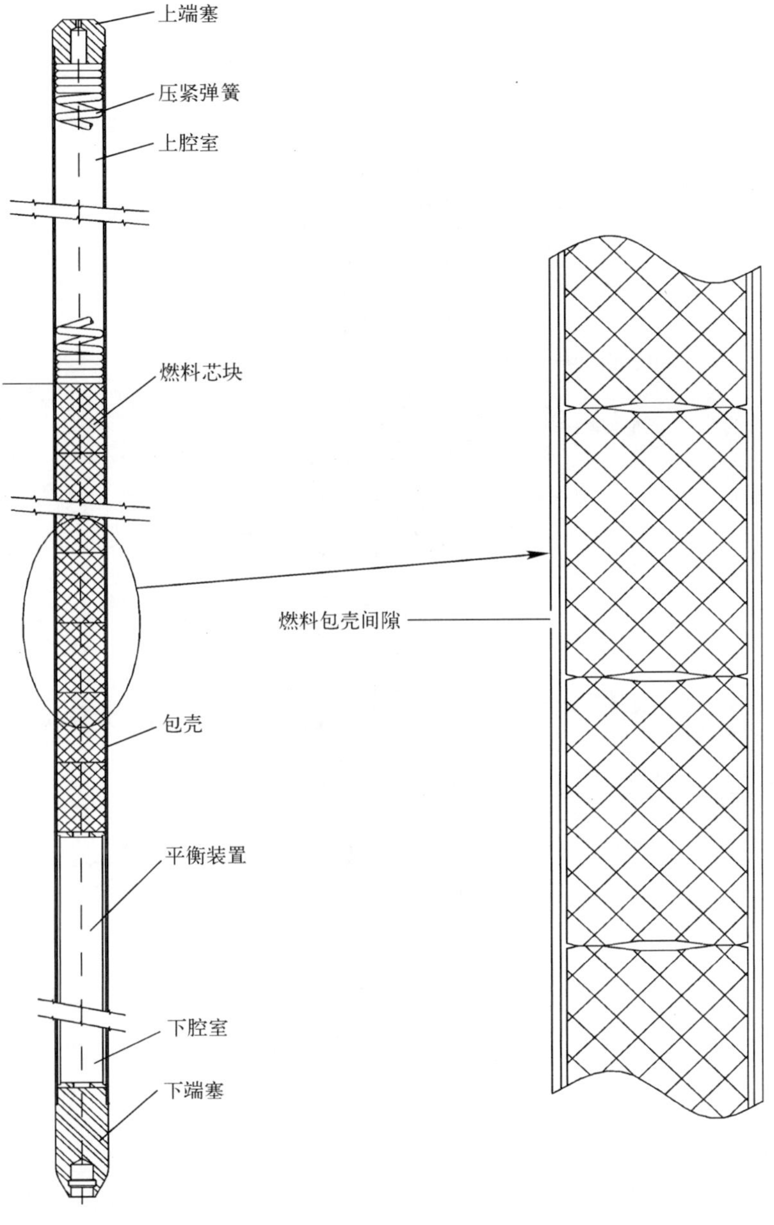

图 2-1-4　燃料棒结构图

受热膨胀量的不同。为了提高燃耗以增加换料周期，燃料棒还设置了上下两个腔室来容纳裂变气体的释放。上腔室通过压紧弹簧来维持，下腔室通过平衡装置来维持。

燃料棒上部设置了一个压紧弹簧来避免在燃料棒装入堆芯以前，在吊装或运输过程中发生轴向窜动。

燃料棒内预先充有氦气以防止燃料包壳在一回路冷却剂压力的作用下发生坍塌。另外，燃料芯块和包壳之间的氦气也可以改善燃料棒的导热性能。

(2) 燃料组件

燃料组件包括下管座、上管座、定位格架、导向管和仪表导管,如图 2-1-5 所示。

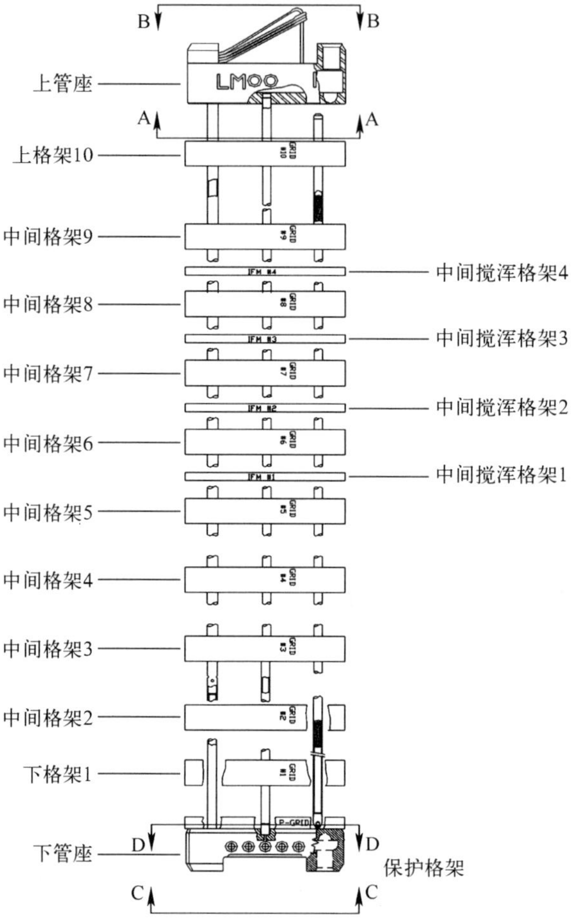

图 2-1-5 燃料组件结构图

1) 下管座

下管座既作为燃料组件的下部支撑结构,同时也用于引导冷却剂在燃料组件中的分配。下管座由 304 型不锈钢制成,它包括一个带有流水孔的下支撑板和一个具有 4 个支撑脚的裙筒组成。支撑脚和裙筒形成一个空腔,引导冷却剂流入燃料组件。下支撑板也可以用于防止事故情况下燃料棒下落。下支撑板和燃料组件导向管之间通过螺纹连接。

冷却剂从下管座的空腔中流入,向上流经下支撑板上的流水孔,最终流入燃料棒之间的流道。

燃料组件承载的轴向负荷和燃料组件的重力都经由下管座传递到堆芯下支撑板。燃料组件通过下管座上的两个定位孔与堆芯下支撑板上的两个定位销相连接来实现燃料组件的定位。燃料组件上的径向负荷通过定位销传递到堆芯下支撑板。

2）上管座

上管座既是燃料组件的上部结构部件，同时也为控制棒、可燃毒物棒及其他部件提供了一个保护通道。上管座包括连接板、围筒和顶板。顶板上面有4个压紧弹簧。压紧弹簧采用因科镍718材料，其余部件均采用304型不锈钢结构。

连接板上开有圆形流水孔以允许冷却剂向上流出上管座。连接板位于燃料棒的上部，可以防止燃料棒向上弹出。围筒看起来像是一个方形的箱子，把连接板和顶板连接起来。顶板的中心有一个大洞，用来提供控制棒组件、可燃毒物组件和其他组件的通路。压紧弹簧位于顶板的四个角落，在堆内上部构件就位时，弹簧被上堆芯板压下，以此压紧燃料组件。

在上管座顶板的两个角落设置有衬垫，衬垫上面设置有定位孔，这些定位孔与上堆芯板上的定位销相配合，为燃料组件、堆内构件和控制棒组件提供定位。

AP1000燃料组件的上、下管座均设计成易于拆卸，这使得更换受损的燃料棒时不需要更换整个燃料组件。

3）导向管

导向管为控制棒、可燃毒物棒、中子源棒和其他部件提供通道。导向管的材料为ZIRLO，导向管在全长度上内径和外径均是相同的。由ZIRLO材料制成的阻尼管插入导向管的下部，从而造成导向管内上部较宽，下部较窄。上部较宽的部分可以为反应堆紧急停堆时的快速插入提供必要的空间，同时也为正常运行时冷却剂的流动提供空间。导向管内阻尼管的上方开有小孔，以减少落棒时间。阻尼管的设计使得在正常停堆时当控制棒即将落到堆底时对控制棒进行缓冲从而得到适当的冲击速度。

4）格架

在燃料组件的设计寿期内，燃料棒之间分层设置的定位格架用来保持控制棒之间的间距。定位格架通过其凸起支撑和弹簧给每个控制棒六点支撑。格架是一种由条带相互组装而成的一种蛋篓状结构。每个条带由弹簧、凸起支撑、搅混翼和其他部件组成。

AP1000燃料组件中使用了两种形式的定位格架。一种是在条带的边缘含有搅混翼，它用在高中子注量率区域以提高冷却剂的混流；另一种其内部条带不含搅混翼，它用于燃料组件的上部和下部。定位格架允许燃料棒发生轴向热膨胀，防止燃料棒发生扭曲变形。

上格架与下格架均选用高强度、耐腐蚀的因科镍718材料，中间格架采用ZIRLO材料，因为该材料具有低中子吸收截面。锆合金中间格架的搅混翼片会在燃料组件的相近流道或相邻的燃料组件之间产生附加横向流动，从而提高传热效果。

AP1000燃料组件上部四个中间格架之间增加了4个中间搅混格架。中间搅混格架提供了额外的流体搅混，增加了燃料的传热能力。

（3）堆内控制组件

控制棒、可燃毒物棒和硼酸浓度的变化都可以用来控制反应性。其中改变硼浓度用来控制反应性的长期变化，例如：燃耗和裂变产物积累、零功率条件下温度的变化、氙或钐浓度的变化、可燃毒物棒的消耗。控制棒组件用来控制反应性的快速变化，如停堆、功率运行阶段冷却剂温度的变化、功率变化引起的反应性变化、空泡效应等。

1）棒束控制组件

棒束控制组件共53组，分为两类：控制棒组和停堆棒组。控制棒组用来在反应堆正常运行时补偿由于温度或功率变化引起的反应性变化。控制棒组和停堆棒组一起提供充分的停堆裕度。

棒束控制组件由星形架和固定在星形架上的一组控制棒组成，如图 2-1-6 所示。控制棒使用的吸收体材料为银-铟-镉，这种材料不但对于热中子有很大的吸收截面，而且可以通过共振吸收来增加其价值。中子吸收体装在不锈钢包壳内。包壳径向和轴向的间隙可以容纳吸收体的热膨胀。

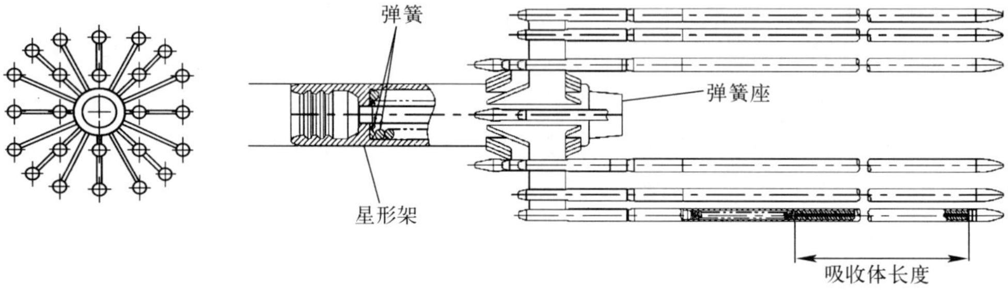

图 2-1-6 棒束控制组件结构图

控制棒底部有子弹头形状的端塞以减少紧急停堆时的水力阻力，并引导控制棒顺利地插入燃料组件导向管的缓冲区。控制棒端塞所用的材料为 308 型不锈钢。

星形架上的连接翼片悬挂在中央连接柄上，控制棒悬挂在连接翼片上。控制棒的驱动杆与中央连接柄相连。中央连接柄内部装有压紧弹簧，以便在控制棒脱扣而快速下插到底部终端时吸收冲击能量，起到缓冲作用。

压紧弹簧采用因科镍 718 材料，星形架采用 304 和 308 型不锈钢材料。

棒束控制组件长度的设计使得当控制棒组件全部抽出时，控制棒的最下端仍然位于导向管内，仍然可以维持控制棒和导向管之间的定位。

2）灰棒控制组件

灰棒控制组件的结构及其与燃料组件的连接关系，均与棒束控制组件相同。灰棒吸收体材料为钨，其中子吸收能力弱于银-铟-镉吸收体。灰棒共 16 组，主要用于功率控制。

3）可燃毒物组件

在第一个燃料循环期间，由于燃料为新料，后备反应性很大，如果堆芯采用高浓度硼来平衡反应性，可能导致正的慢化剂温度系数。为了保证负的慢化剂温度系数，保持反应堆自稳定特性，需要加入可燃毒物组件。

可燃毒物组件由压紧体和连接在上面的可燃毒物棒组成，如图 2-1-7 所示。

典型的可燃毒物棒是将硼基芯块装入不锈钢或锆合金包壳中。包壳内预先冲入氦气，两端密封。

可燃毒物棒通过一个多孔的底板与压紧体相连，该底板与上管座相匹配，并放置在上管座的连接板上。

压紧弹簧与底板相连，当上部堆内构件装入堆芯时上堆芯板压紧，从而限制了底板和可燃毒物棒的轴向运动。通过这样的设计，可燃毒物棒不会被冷却剂的流动冲出堆芯。

4）中子源组件

中子源组件可以使反应堆能够安全可靠地启动，并可以通过测量通道获得可测的中子

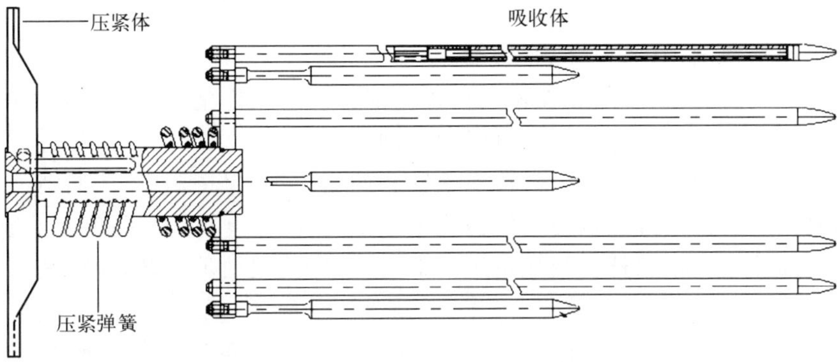

图 2-1-7　可燃毒物组件结构图

通量水平，克服反应堆首次启动时的核测量盲区。

中子源组件包括初级中子源组件和次级中子源组件。初级中子源棒包含有放射性材料，可以发生自裂变，主要用于首次堆芯装载后的反应堆第一次启动。当初级中子源材料衰变到一定程度时，由次级中子源材料提供中子源。次级中子源为稳定材料，在反应堆运行的过程中被活化。活化之后次级中子源材料可以释放中子。

初始堆芯装载有 4 组中子源组件：两组初级中子源组件和两组次级中子源组件。中子源组件在堆芯中对称布置。

中子源组件的结构与可燃毒物棒组件的结构相同，不在此赘述。

2.1.4.4　控制棒驱动机构

控制棒驱动机构的主要作用是以特定的速度插入和提出控制棒组件，以实现控制平均温度、启堆、停堆等目标。控制棒驱动机构详图如图 2-1-8 所示。

控制棒驱动机构由承压壳体、线圈组件、销爪组件和驱动杆组件组成。

控制棒驱动机构采用磁力提升的销爪组件来控制驱动杆的运动。销爪组件的动作受保持线圈、传递线圈和提升线圈的得失电次序控制，而三个线圈的控制脉冲由程序自动控制，从而最终实现了对控制棒运动的控制。

控制棒驱动机构的承压壳体采用一体化结构。驱动杆行程壳体位于承压壳体的上部，在控制棒从堆芯抽出的过程中为驱动杆提供向上移动的空间。驱动杆行程壳体为一体化结构，与一体化封头一起为控

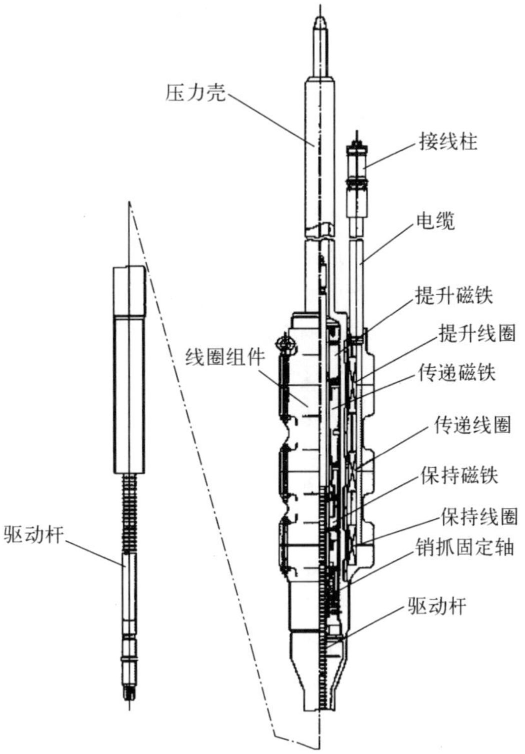

图 2-1-8　控制棒驱动机构详图

制棒驱动机构提供抗震支撑。销爪壳体包容销爪组件，位于承压壳体下部。

线圈组件包括线圈壳体、电缆、接线柱和三个工作线圈：保持线圈、传递线圈和提升线圈。线圈组件为一独立结构，安装在驱动机构外部。线圈组件坐落在销爪壳体的基座上，但没有机械连接。对工作线圈进行供电可引起磁铁和销爪组件内的销爪动作。

销爪组件包括导向管、保持磁铁、传递磁铁和两套销爪：保持销爪、传递销爪。销爪与驱动杆上的沟槽相配合。提升磁铁可以使传递销爪以每步 15.9 mm 的距离向上或向下移动，从而提升或下插控制棒驱动杆。当准备迈向下一步时，传递销爪脱开，保持销爪抓紧驱动杆组件。

驱动杆组件包括接头、驱动杆、脱扣按钮、脱扣杆和锁紧按钮。驱动轴从一个沟槽到下一个沟槽的节距为 15.9 mm，在抓紧或移动驱动轴期间，此沟槽与销爪相配合。接头固定在驱动轴上，用来连接控制棒驱动机构下部的棒束控制组件。脱扣按钮、脱扣杆和锁紧按钮将接头与棒束控制组件可靠锁紧，并可以远距离脱开驱动杆。

与冷却剂直接接触的控制棒驱动机构部件是采用耐冷却剂腐蚀的金属材料制造的。采用的三种材料为：不锈钢、铟科镍合金和在一定程度上受限使用的钴基合金。

控制棒的位置通过环绕在驱动杆行程壳体周围的棒位指示器来测量。棒位指示器上安装有 48 个独立的测量线圈，当控制棒组件运动时，驱动杆穿过线圈中心，测量线圈通过电磁感应原理测量出控制棒的位置。

2.1.5 技术参数

反应堆本体系统主要技术参数见表 2-1-1。

表 2-1-1 反应堆本体系统主要技术参数

主要参数	参数值
燃料组件设计参数	
燃料组件排列	17×17
燃料组件数量	157
每个燃料组件中燃料棒数量	264
燃料棒总量/个	41 448
包壳厚度/mm	0.57
燃料棒外径/mm	9.50
燃料芯块长度/mm	12.6
燃料组件长度/m	4.80
活性区燃料棒长度/m	4.27
导向管数量	24
导向管内径/mm	11.23(上部)　10.08(下部)
导向管外径/mm	12.24
仪表导管数量	1
仪表导管内径/mm	11.23
仪表导管外径/mm	12.24

续表

主要参数	参数值
燃料组件设计参数	
上、下格架	2
中间格架	8
中间搅混格架	4
保护格架	1
棒束控制组件设计参数	
吸收体材料	Ag-In-Cd
包壳材料	304 型不锈钢
包壳厚度/mm	0.47
控制棒外径/mm	9.68
组件数量	53
每个组件中控制棒数量	24
灰棒控制组件设计参数	
包壳材料	304 型不锈钢
包壳厚度/mm	0.47
控制棒外径/mm	9.68
组件数量	16
每个组件中控制棒数量	24 根钨棒
堆内构件设计参数	
下部堆内构件高度 /m	9.83
下部堆内构件重量/kg	94 120
上部堆内构件:高度/m	4.44
重量/kg	53 070
吊篮外径/m	3.51
压力容器设计参数	
压力容器本体重量/kg	327 000
压力容器总重量/kg	408 000
上封头重量/kg	65 800
长度/m	13.88
内径/m	4.04
入口接管数量	4
出口接管数量	2
直接注入接管数量	2
入口接管内径/mm	560
出口接管内径/mm	790
螺栓数量	45
螺栓直径/mm	180

续表

主要参数	参数值
控制棒驱动机构设计参数	
承压壳体长度/m	6.65
驱动杆长度/m	7.01
提升能力/kg	181
控制棒行程/m	4.24
步长/mm	15.9
驱动机构步进速度/(步/min)	最小8　最大72
热负荷/kW	12

2.2 反应堆冷却剂系统(RCS)

2.2.1 系统功能

2.2.1.1 安全相关功能

(1) 反应堆冷却剂压力边界的完整性

1) 反应堆冷却剂系统作为一回路压力边界,用来在一回路压力边界完整性未被破坏的所有电厂运行状态下包容反应堆冷却剂和应急堆芯冷却流,并通过限制冷却剂的泄漏限制放射性释放到安全壳内。

2) 反应堆冷却剂系统作为压力边界,在一回路压力边界完整性未被破坏的电厂运行状态下通过防止反应堆冷却剂系统与蒸汽发生器系统或大气之间发生泄漏来限制放射性释放。

3) 反应堆冷却剂系统具有卸压能力,可以防止一回路压力边界超压。

(2) 堆芯冷却和反应性控制

1) 反应堆冷却剂系统与反应堆本体系统、非能动堆芯冷却系统配合,通过自然循环方式使冷却剂循环流动,以达到以下目的:

- 导出反应堆冷却剂系统显热和停堆后在反应堆内产生的衰变热;
- 使反应堆冷却剂系统温度分布均匀;
- 在安全停堆运行和事故运行期间进行硼浓度调整时,保持反应堆冷却剂系统的化学均匀性(例如可溶中子毒物)。

2) 在电厂正常运行期间,主泵投入运行。当主泵停运后,强迫循环中止,反应堆冷却剂系统维持反应堆冷却剂自然循环,导出堆芯余热,防止堆芯发生偏离泡核沸腾。

3) 在电厂安全停堆运行和事故运行期间,反应堆冷却剂系统与反应堆本体系统、非能动堆芯冷却系统一起向堆芯引入可溶性硼。可溶性硼和控制棒的插入均可以向堆芯引入负反应性,以满足反应堆停堆深度的要求。

(3) 自动降压功能

自动降压系统是反应堆冷却剂系统的一个子系统,自动降压系统和非能动堆芯冷却系统可以用来缓解失流事故的后果。在发生小破口失水事故时，自动降压系统可以自动降低反应堆冷却剂系统的压力，从而使非能动堆芯冷却系统可以充分冷却堆芯。

（4）应急排放

反应堆冷却剂系统设置了应急排放通道，在发生事故稳压器水位上升时可以避免稳压器长期满溢。

2.2.1.2　其他功能

（1）堆芯冷却

电厂功率运行期间，反应堆冷却剂系统将反应堆冷却剂系统和反应堆本体系统中产生的热量传递给蒸汽发生器系统，蒸汽发生器系统产生的蒸汽供汽轮发电机组发电使用；

（2）电厂所有的正常运行工况下（反应堆冷却剂系统开口的换料状态除外），反应堆冷却剂系统和电厂控制系统一起将一回路系统压力控制在一个有利于反应堆堆芯和蒸汽发生器热量导出的范围内，并限制在反应堆冷却剂压力边界的压力限值之内；

（3）反应堆冷却剂系统手动降压功能作为自动降压系统的备用，可以防止在发生叠加故障时堆芯融化；

（4）在正常运行期间进行化学调节时，反应堆冷却剂系统驱动冷却剂循环，以保证冷却剂温度分布均匀，化学物质（如可溶性硼）分布均匀；

（5）反应堆冷却剂系统中的冷却剂也充当慢化剂和反射层，以维持链式反应的进行；

（6）反应堆冷却剂系统中溶有中子吸收体，有利于堆芯功率分布均匀。

2.2.2　系统描述

2.2.2.1　一回路系统

如图 2-2-1 及图 2-2-2 所示，反应堆冷却剂系统由两个环路组成。每个环路上包含一台蒸汽发生器、两台主泵、一根热段管道和两根冷段管道。另外，系统还包括稳压器、连接管线、阀门及用于控制和保护的仪表等。

在正常运行期间，一回路冷却剂在主泵的驱动下，循环流动于压力容器、热管段、蒸汽发生器、主泵及冷管段之间。一回路冷却剂在通过压力容器时被加热，之后冷却剂被输送到蒸汽发生器，并在蒸汽发生器中将热量传递给二回路给水，经过蒸汽发生器后，冷却剂又返回到主泵中并在主泵的作用下回到压力容器，从而完成了循环流动。

在功率运行时，RCS 系统的压力保持在 15.4 MPa（表压力）左右，系统的压力通过稳压器来控制，稳压器通过一个波动管连接到反应堆冷却剂系统的热管段上。在正常运行时，稳压器内为处于平衡状态的汽液两相，系统通过电加热器及稳压器喷淋来使水变为蒸汽或使蒸汽凝结成水并借此来控制 RCS 系统的压力。

2.2.2.2　稳压器喷淋子系统

稳压器喷淋子系统从 RCS 系统的两个冷段分别引出一条管线，在通过各自的喷淋控制阀后，这两条管线在稳压器顶端结合成一条管线进入稳压器。

两条喷淋管线上的喷淋阀都并联了一个手动节流阀，从而保证在喷淋阀关闭时始终有一个小的旁通流量流过喷淋管线进入稳压器。在系统正常运行而不需要喷淋流量时，旁通流量可以避免喷淋管线和波动管线的冷却，减缓由于喷淋阀开启所造成的热应力或热冲击。

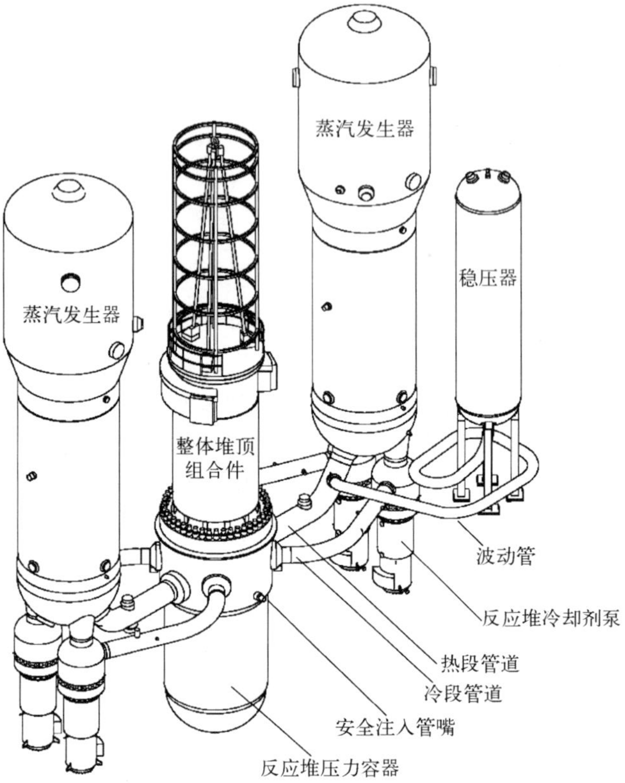

图 2-2-1 反应堆冷却剂回路

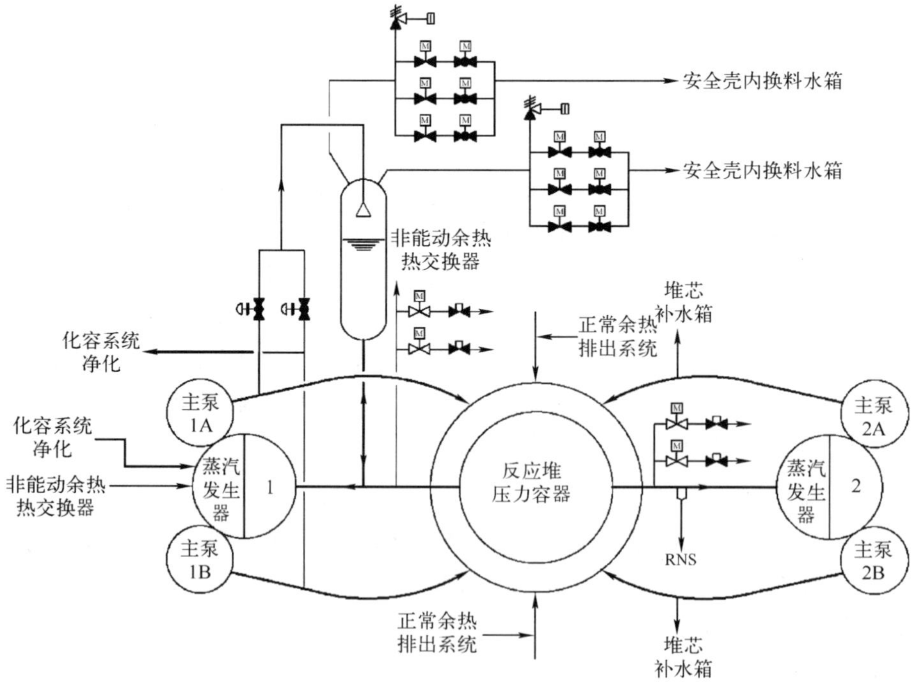

图 2-2-2 反应堆冷却剂系统

此外，旁通流量也有助于使稳压器内各部分的温度及化学性质保持均匀。

在两个喷淋阀的上游各有一个电动隔离阀，这两个电动隔离阀用于在喷淋阀卡在开启位置时隔离喷淋管线。这些阀门是常开的，只有在失效或检修喷淋阀时才关闭。喷淋管线上设有温度探测器，当达到低定值时发出报警，提醒操纵员旁路流量不足。喷淋管线的公共管段布置成一个水封，防止蒸汽聚集在喷淋阀的下游。

在反应堆停堆时，主泵停运，不能驱动稳压器的喷淋水进行喷淋，此时由辅助喷淋来提供喷淋水。辅助喷淋管线连接至化学和容积控制系统。

2.2.2.3　稳压器安全阀

稳压器的顶端设置有两个弹簧加载式安全阀，用于防止反应堆冷却剂系统超压。在系统压力升高达到安全阀设定值时，安全阀开启进行卸压，当系统压力下降到整定值以下后，安全阀关闭以阻止反应堆冷却剂过度排放。

稳压器安全阀的入口管线引自自动卸压子系统排放阀的上游，安全阀的下游连接到一段装有爆破盘的短管，可以包容并冷却安全阀的泄漏。在安全阀动作时，一回路冷却剂从此处排放到安全壳中。安全阀下游的短管与 ADS 系统排放阀的下游通过一段直径 1 in 的管线连接起来，使得安全阀的泄漏可以通过 ADS 系统的排放管线连续地排放到反应堆冷却剂疏水箱。在安全阀的排放管线上装有温度探测器，可以在安全阀泄漏或开启时发出温度高报警通知操纵员。

2.2.2.4　自动卸压子系统

自动卸压子系统包含 4 级按顺序开启的阀门组可以在某些事故情况下降低 RCS 系统的压力，从而使非能动堆芯冷却系统能为堆芯提供长期冷却。

1、2、3 级自动卸压管线各有两条管线，这 6 条管线分为完全相同的两组，每组对应一个入口母管，入口母管连接至稳压器顶部。6 条排放管线上各串联两个常闭的电动阀，一个是隔离阀，另一个是控制阀。每组管线的出口连接到一条公用的卸压母管，两条卸压母管则分别连接至安全壳内换料水箱中的喷淋头，喷淋头淹没在安全壳内换料水箱的溢流水位以下。第 4 级卸压子系统有 4 条管线，分成两组。每组共用一条入口管线与一个热段相连。每条管线上串联两个阀门，一个常开的电动闸阀作为隔离阀，另一个常闭的爆破阀作为卸压控制阀。每组管线分别向一个蒸汽发生器隔间排放。

为了减少正常运行时蒸汽的泄漏，每条 ADS 卸压管线的第一个阀门与稳压器之间均设置了水封。

在 ADS 卸压管线的第二个阀门下游设置有温度探测器，可以在卸压阀泄漏或开启时发出温度高报警。

2.2.2.5　稳压器手动排气

稳压器排气管线从一组 ADS 排放阀的入口母管引出，管线上有两个常闭的手动隔离阀。排气管线在停堆运行时用于稳压器的排气。另外，排气管线也可以与抽真空系统相连，用于在反应堆启动前对一回路进行抽真空。

2.2.2.6　压力容器顶盖排气系统

压力容器顶盖排气系统与压力容器上封头相连，由两条并联管线组成，每一条管线有两个串联的电磁隔离阀，每个电磁隔离阀均为常关且失效关闭，并分别由独立的安全相关电源供电。在每组隔离阀的下游安装有一个孔板，用于限制反应堆压力容器顶盖排气流量。在每条放气管线的第二个隔离阀下游均设置有温度探测器，可以在排气阀泄漏或开启时发出温度高报警。两条并列管线通过自动卸压系统的一列管线将流体排向安全壳内换料水箱。

2.2.2.7 压力容器法兰泄漏监测子系统

压力容器法兰和顶盖法兰通过两道同心密封环密封。压力容器法兰泄漏监测子系统用于监测密封泄漏，它包括两条管线：一条在两道密封之间，另一条在外部密封环外。两道密封管线通过同一条管线连接到冷却剂疏水箱。在共用管线上设置了一个温度探测器，在密封泄漏时发出温度高报警。共用管线上还通过一条常闭管线与一个快速拆卸接头相连接，以便于电厂人员手动测量法兰泄漏率。

2.2.3 设备描述

(1) 蒸汽发生器

蒸汽发生器的主要功能是将一回路冷却剂的热量传递给二回路给水，并使给水转化为蒸汽。AP1000蒸汽发生器为立式U形管式，带有汽水分离装置，如图2-2-3所示。蒸汽发生器的传热管材料为因科镍690，传热管支撑板材料为耐腐蚀的405型不锈钢。

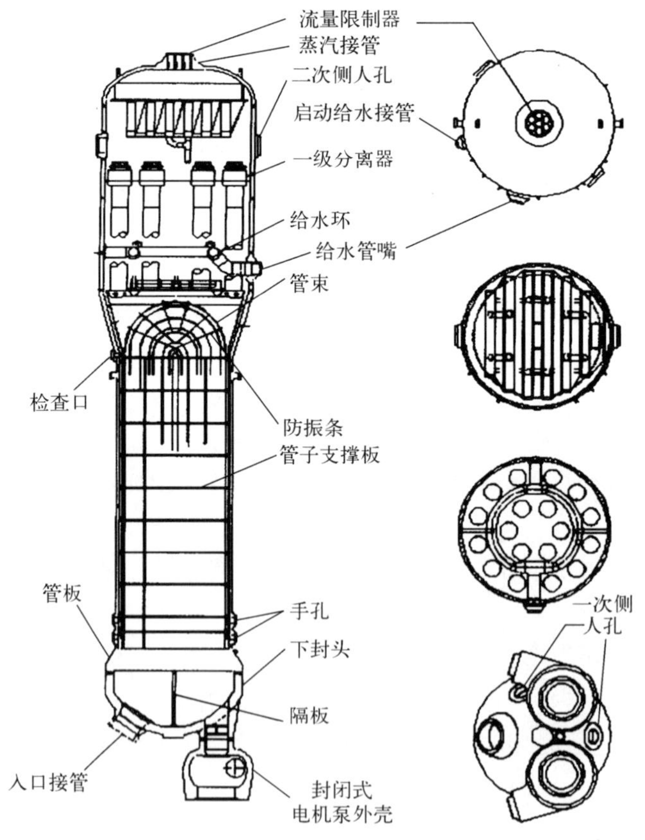

图2-2-3 蒸汽发生器

蒸汽发生器底封头内有一块竖直的水室隔板将底封头分为入口水室和出口水室。在一次侧，反应堆冷却剂通过热段入口管嘴进入入口水室，再从入口水室进入倒置的 U 形传热管，在传热管中流动的过程中将热量传递给二次侧，然后返回到出口水室后通过两个冷段管嘴离开蒸汽发生器直接进入主泵。一次侧水室的下部为椭圆状，通过一段圆柱筒体与管板进行连接。这样的布置特性，相对于球形一次侧水室，更易于采用机器人装置对所有的传热管进行检查、更换和修理。

蒸汽发生器水室设有疏排装置，可以排空下封头。为了减少放射性腐蚀产物在下封头内表面积聚并提高这些表面的去污能力，水室内表面采用机械加工方法或者电解法加工成光滑表面。

二次侧给水经主给水或启动给水管嘴从高于 U 形传热管顶部的位置进入蒸汽发生器，之后，进入给水环管，通过连接在给水环管顶部的 J 形接管离开给水环管向下流动，并与从汽水分离器分离出的饱和水混合，然后此混合给水一起进入围筒和壳体之间的下降段环腔，给水到达管板后向上折返流经 U 形管之间，在此过程中给水逐渐被加热并变为汽水混合物，汽水混合物经管束区域继续向上流动，并经旋叶式汽水分离器去除蒸汽中的大部分水分，蒸汽继续上升，进入二级分离器（干燥器）进行进一步脱水，以提高蒸汽品质到设计要求的最小干度，干饱和蒸汽经出口管嘴离开蒸汽发生器进入主蒸汽管道。在蒸汽发生器出口管嘴处设置有流量限制器，以防止主蒸汽管线破裂时蒸汽流量过度释放而造成的过度冷却。

启动给水经过设置在低于主给水环管位置的一根管道引入蒸汽发生器，并通过与主给水环管独立的给水喷淋系统将启动给水注入蒸汽发生器。

（2）主泵

1）简介

AP1000 采用全密封式的反应堆冷却剂屏蔽电动泵（以下简称为主泵，见图 2-2-4），其功能是输送反应堆冷却剂，使冷却剂完成在堆芯、冷却剂环路和蒸汽发生器之间的循环。主泵是一台立式、单级离心泵，具有转动惯性大、可靠性高、维护保养要求低等特点。主泵的叶轮直接连接在电机转轴上，电机的定子和转子均密闭在耐腐蚀的屏蔽套中，并承受一回路系统压力。在定子屏蔽套和转子屏蔽套之间的冷却剂会循环流动，以冷却定子、转子等部件，并为电机轴承提供润滑，这部分冷却剂从电机上部进入外部热交换器，将热量传递给设备冷却水系统，接着进入电机底部进行循环流动。此外，定子外表面也可以通过定子冷却套中设备冷却水的流动来进行冷却。

AP1000 每台蒸汽发生器有 2 台主泵，主泵直接与蒸汽发生器的下封头进行连接。这种结构设计取消了主泵与蒸汽发生器之间的冷却剂管道，降低了环路的压降，简化了蒸汽发生器、泵和管道支承系统。

2）结构

· 水力部件

主泵的水力部件包括泵壳、叶轮和导叶，用于提供冷却剂流通的通道。

· 轴承

主泵装有 3 个轴承，两个径向轴承和一个双向推力轴承，都在电机侧，轴承采用水润滑和冷却方式。

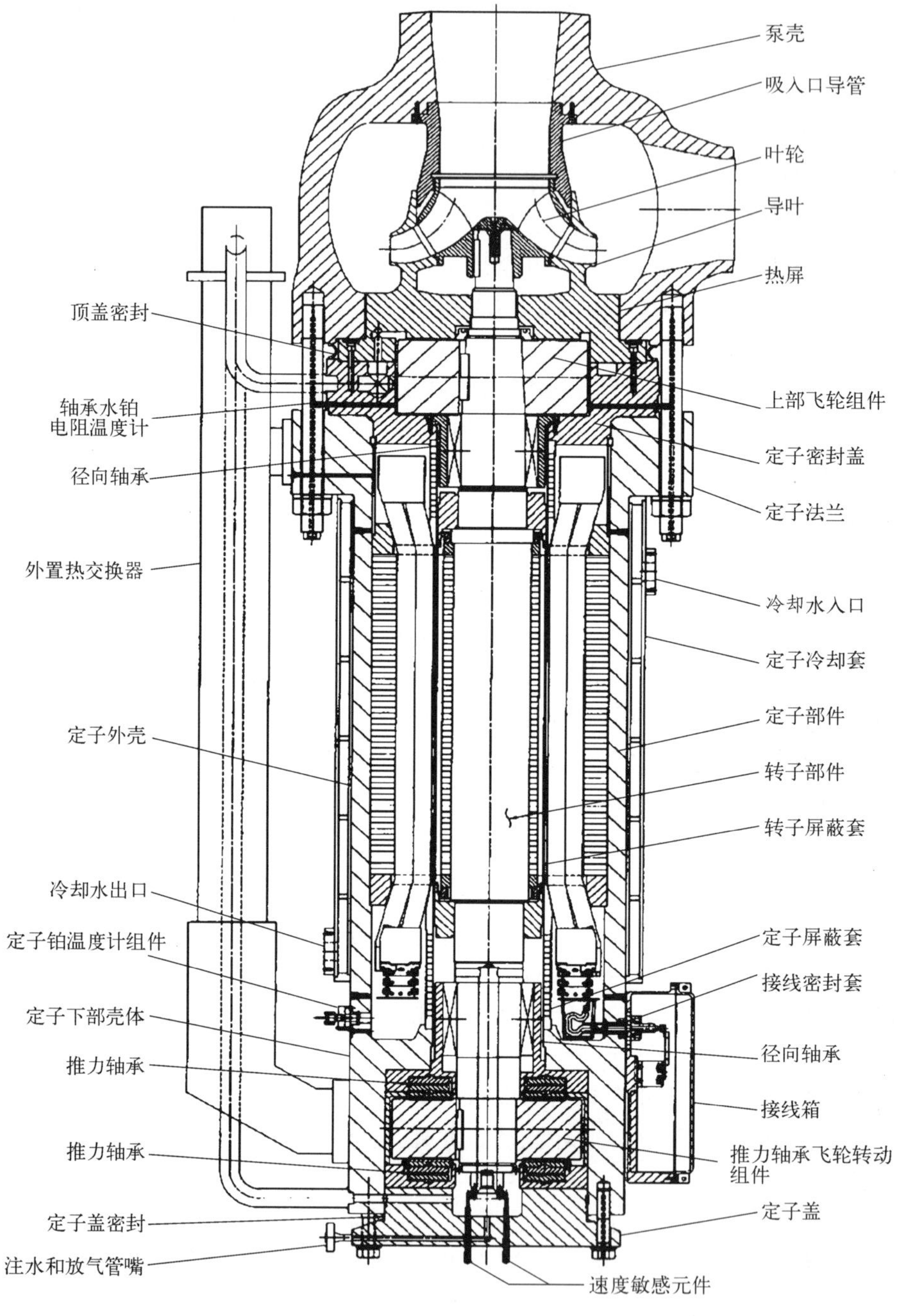

图 2-2-4 主泵剖面图

· 屏蔽套

为将电机的定子绕组和转子与一回路冷却剂介质完全隔绝开来，设置两个屏蔽套，即定子屏蔽套和转子屏蔽套。屏蔽套材料采用耐腐蚀材料制成。

· 飞轮

AP1000 主泵屏蔽电机设置上下两个钨合金飞轮，以增加主泵的转动惯量，获得更长的惯性惰转时间，从而增加失去电源之后堆芯的热工裕量。上部飞轮组件采用施加预应力的热套装方法，用外套环将12块扇形钨合金固定在不锈钢轮毂上，其外部包有屏蔽套以防止应力腐蚀，最后将飞轮固定在屏蔽泵的主轴上。下飞轮组件采用与推力轴承组合的结构。

· 定子绕组及冷却

由于屏蔽电机的损耗高，发热严重，而定子屏蔽套使定子成为一个封闭区域，造成定子铁芯和绕组的冷却只能靠导热方式散热。由此可见，AP1000屏蔽电机的冷却措施及温升控制是保证主泵正常运行的关键。作为解决措施，一方面AP1000屏蔽电机绕组采用较高的绝缘等级，另一方面，通过有效的冷却来降低电机各部分的温度。

除了通过迷宫式密封阻隔泵壳内的高温冷却剂和电机腔内的低温冷却剂进行热交换外，电机冷却功能由两个冷却回路来实现，一是外置热交换器冷却回路，此回路通过外置热交换器来冷却屏蔽电机腔内的反应堆冷却剂，另一个是定子冷却套的设备冷却水回路，设备冷却水流经定子绕组外表面来对其进行冷却，保证绕组绝缘的性能和寿命。

· 变频调速控制装置

主泵启动时采用变频调速控制装置，降低一回路冷态工况时的电机功率，从而最大限度地缩小电机尺寸。

另外，主泵没有轴密封装置，因而消除了因轴密封失效而导致失水事故的可能性，从而大大提高了安全性，也减少了泵的维修工作量。

泵的电机采用自排气设计，气体直接向上排入泵壳内。

(3) 稳压器

1) 结构简介

如图2-2-5所示，稳压器是一个包括上、下两个半球形封头的圆筒状容器。它采用碳钢材料制造，并在与一回路冷却剂接触的内表面上堆焊奥氏体不锈钢。在稳压器的顶部有一个喷淋管嘴和两个与安全阀及ADS系统相连接的管嘴，下部通过波动管与一回路热段连接。在波动管上部设置有拦截滤网用于阻止外部异物从稳压器进入RCS。稳压器下部还设置有挡板，可以阻止从一回路涌入的冷却剂直接流向汽水分界面，也有助于涌入的冷却剂与稳压器内水的混合。

稳压器电加热器竖直安装在下封头内的加热器套管内，加热器套管焊接在下封头上，并作为一回路压力边界的一部分。加热器可以拆除，以便进行维修或检查。

稳压器电加热器分为比例式电加热器和通断式电加热器。比例式加热器可以根据控制需要提供连续的可变功率，而通断式电加热器只有投入和退出两种状态。

稳压器的上封头设置了一个人孔用于进入稳压器内部，以便于检查或维修喷嘴。

在稳压器壳体上的仪表接管用于测量重要的RCS参数。对于液位测量，共设置了4个测量通道8个液位接管。液位测量接管也用于连接压力测量仪表。稳压器的温度测量仪表共有两个，分别用于监测汽相和液相温度。另外，还设置了一个取样接管与一回路取样系统连接，以便于监测稳压器内部冷却剂的化学特性。

2) 功能

稳压器主要有以下功能：

· 压力控制

在稳态运行时，稳压器维持RCS压力在其整定值附近，防止堆芯冷却剂汽化及一回路压力过大；在正常功率变化及瞬态工况下，稳压器将 RCS 的压力变化控制在允许范围内，以保证反应堆安全，避免发生紧急停堆等事件。

· 超压保护

当 RCS 压力超过稳压器安全阀阈值时，安全阀自动开启，使 RCS 卸压。

· 容积补偿

稳压器作为 RCS 系统的缓冲容器，可以补偿 RCS 容积的变化。在机组升、降功率过程中，冷却剂由于温度变化而引起的体积变化基本上可由稳压器参考水位的变化予以平衡。

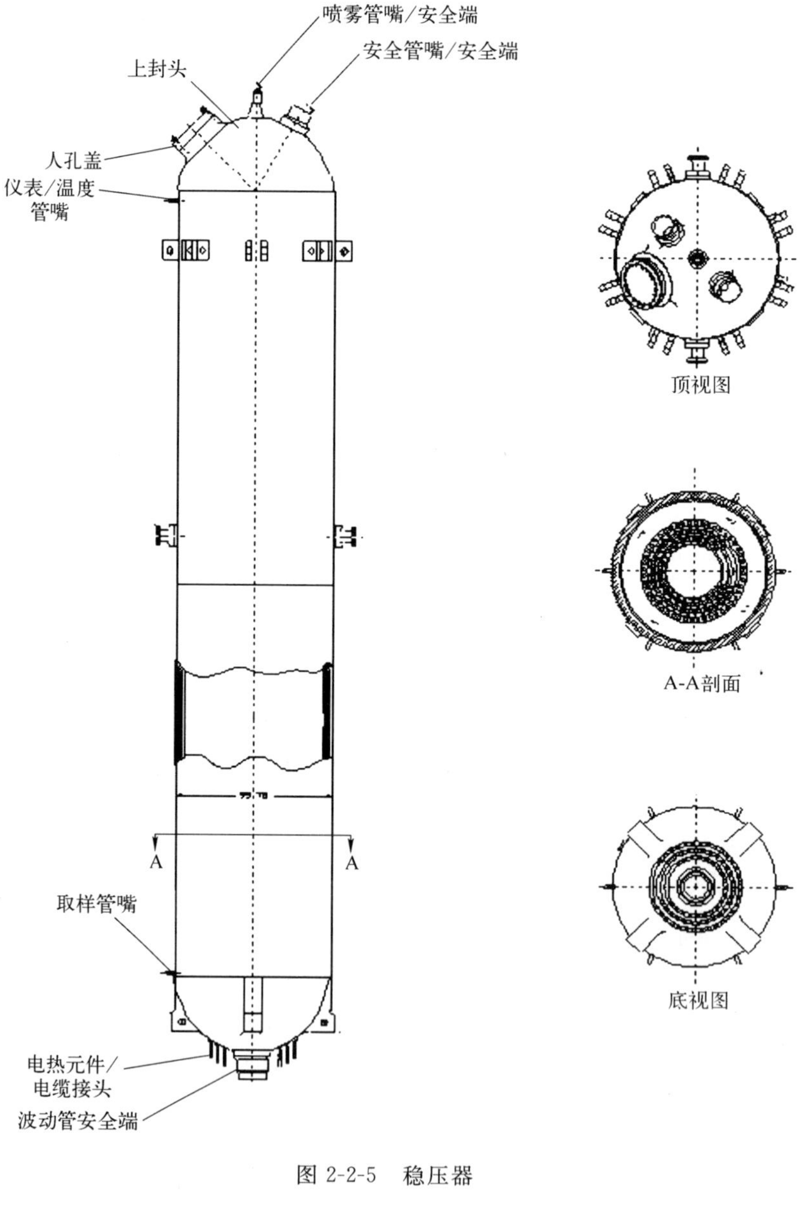

图 2-2-5 稳压器

3）控制原理

在100%功率的稳态运行期间，稳压器内约50%的容积是水，另50%的容积是汽。正常情况下，系统通过喷淋阀的手动旁路阀提供持续喷淋的小流量来减小在稳压器和反应堆冷却剂之间的硼浓度差别。该持续喷淋流量也用于防止喷淋管线的过度冷却。比例电加热器在正常运行期间是连续工作的，以补偿喷淋水的持续引入及向周围环境的热量损失。

在稳压器压力下降时，稳压器中的水在闪蒸及电加热器的作用下产生蒸汽以保持稳压器压力高于专设安全设施的动作阈值。当稳压器压力上升时，喷淋阀开启以冷凝稳压器内的蒸汽，以防止稳压器压力达到专设安全设施的动作阈值。在一回路冷却剂大量涌入稳压器中而使稳压器液位升高时，通断电加热器投入运行，将从反应堆冷却剂回路涌入稳压器的过冷水进行加热。

（4）爆破阀

爆破阀是AP1000核电机组特有的设备。此类阀门具有无泄漏、耐高压差、耐腐蚀等特点。即使在高压差状态时，爆破阀也能够可靠开启。上述特点使其即能够应用在主回路上，承担一次压力边界功能；又可以作为ADS系统的执行机构实现可靠地开启。爆破阀的承压要求过高，一般的操作动力机构不足以保证阀门可靠开启和密封性能。所以只能依靠炸药的精确定向定量爆破技术，才可以通过产生足够的爆炸膛压，确保爆破阀的有效开启。为了减少爆破阀的误动作，专门设计了可靠性很高的引信回路和爆炸部。爆破阀的正常位置为关闭，事故位置为开启。

爆破阀结构如图2-2-6所示。阀门上有一个螺纹接管用以关闭来自主系统的流道，出口接管用来安置定位柱组件。螺纹接管一头是法兰连接面，另一头是全封闭的金属堵头。螺纹接管和金属堵头成为一体，是从同一块金属材料上通过机械加工得到的。

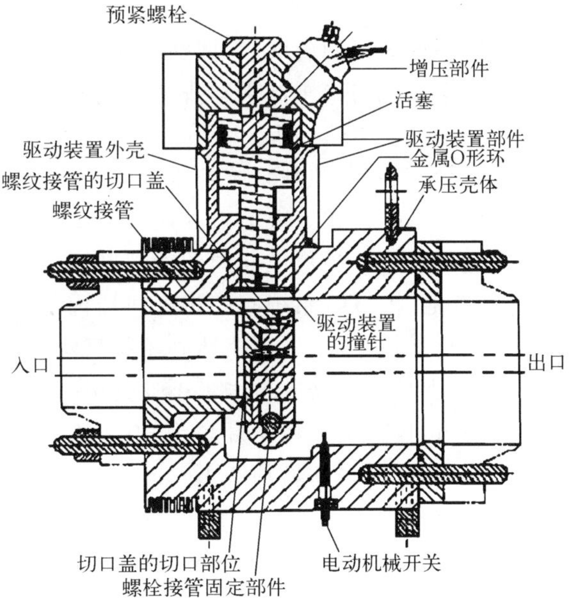

图2-2-6 爆破阀结构图

助推器模块由爆炸部、引信、冲击活塞、金属拉力螺栓等零部件组成。引信回路接收到阀门开启信号后通电点火，点燃爆炸部的内部炸药，爆炸产生的能量将金属拉力螺栓端头挤压断裂，爆炸冲击力推动冲击活塞和挤断的螺栓端头沿着助推器的O形金属缸作直线运动，顶破撞击块后，冲击活塞块继续移动直至达到O形金属缸的末端缸壁。由于冲击活塞的端头刚好到达螺纹管的内壁，因此冲击活塞与螺纹接管的可剪断金属堵头发生碰撞，引起螺纹接管出口的金属堵头发生剪切断裂。金属堵头与固定在定位柱上的连接块采用螺纹连接方式连为一体。在金属堵头与螺纹接管断裂分离后，金属堵头与连接块一起围绕定位柱沿着流体流向旋转，最后紧紧贴合在出口接管的管道内壁上。

2.2.4 系统运行

AP1000 的标准运行模式见表 2-2-1。

表 2-2-1 AP1000 标准运行模式

模式	运行工况	反应性状况 K_{eff}	核功率/%	平均温度/℃
1	功率运行	≥0.99	>5	$300.9>T_{avg}>291.7$
2	启动	≥0.99	≤5	约 291.7
3	热备用	<0.99	—	>215.6
4	安全停堆	<0.99	—	$215.6>T_{avg}>93.3$
5	冷停堆	<0.99	—	≤93.3
6	换料	—	—	≤71.1

2.2.4.1 电厂启动

电厂启动是指将电厂从冷停堆状态提升到零负荷运行压力和温度的过程。

AP1000 有抽真空启动和水实体启动两种启动方式。电厂的运行经验表明抽真空启动方式更好一些,因为稳压器建立汽腔以后,一回路的压力更易于控制。这里主要介绍抽真空启动方式。

在电厂停堆运行的后期,一回路封闭运行,并且其管道水位接近半管水位。此时,首先将启动抽真空系统与稳压器手动排气管线相连,将反应堆冷却剂系统尤其是稳压器、压力容器上封头和蒸汽发生器倒置 U 形管中的空气抽出。

之后,化学和容积控制系统补水泵向一回路充水至稳压器零负荷水位(在整个启动期间稳压器水位基本维持在该数值),并通过减小余排热交换器的冷却水和投入稳压器电加热器对一回路进行加热。当稳压器内的冷却剂温度达到现有压力下的饱和温度时,停止对稳压器的加热,并通过 ADS 系统阀门将稳压器内的气体排到冷却剂疏水箱内。排气之后,继续对稳压器进行加热,直到一回路达到主泵启动所需要的净正吸入压头,此时稳压器汽腔已经形成。此后,保持一回路压力水平不变并进行主泵启动操作,启动时转速为 300 r/min,4 台主泵均启动后,再将主泵转速升高至 90%额定转速。主泵启动后,利用主泵对一回路冷却剂进行加热,当一回路加热到 271 ℃时主泵变为全速运行。在一回路温度达到一定值后,稳压器也开始继续加热,但在加热过程中,要保证一回路与稳压器之间的温度差不超过 178 ℃,当一回路压力达到 15.4 MPa 时,将稳压器电加热器及喷淋阀转为自动控制。

在启动阶段稳压器喷淋阀开启以提供部分喷淋流量,这有助于缓解稳压器波动管线中的分层现象。

在启动过程中当一回路加热到一定温度时,需向一回路冷却剂中添加联氨以除去冷却剂中的溶解氧。只有当冷却剂中的氧含量达到要求值以下时,才能将一回路温度升高至 82 ℃以上。

水实体启动方式是指首先对一回路进行充水排气,并使稳压器内满水,一回路满水后利用 CVS 系统控制一回路压力在主泵启动压力水平,并启动主泵,之后再继续对稳压器进行加热，当达到相应压力下的饱和温度后，稳压器内开始出现气泡，汽腔开始逐步形成。

2.2.4.2　正常运行

电站正常运行包括功率运行、无负荷和热备用运行阶段。功率运行阶段包括稳态运行、不超过5%FP/min的线性功率变化、10%FP的阶跃功率变化（不超过满功率）以及甩负荷。

在热备用运行阶段，反应堆处于次临界状态。蒸汽排放控制系统处于压力控制模式，控制蒸汽向凝汽器排放，以此来控制RCS的温度。

在无负荷运行阶段，反应堆处于临界或次临界状态。堆芯产生的热量和反应堆冷却剂泵运行产生的热量由蒸汽发生器带走。

当反应堆功率水平低于15%FP时，反应堆采用手动控制；当反应堆功率水平高于15%FP时，电站控制系统靠控制棒的移动来自动保持冷却剂平均温度和功率的关系。

在正常运行阶段时，RCS压力被控制在15.4 MPa（表压力）左右，稳压器液位自动控制在整定值。

2.2.4.3　电厂停闭

电厂停闭定义为将电厂从零负荷运行时的压力和温度冷却到冷停堆状态的过程。

在电厂停闭之前，化学和容积控制系统首先向RCS注入硼酸溶液，使反应堆冷却剂的硼浓度达到冷停堆要求的值。如果电厂停闭的目的是换料或其他原因而要求一回路卸压，则需利用化学和容积控制系统和放射性废液系统，对一回路冷却剂进行除气，以减少其中氢气和裂变气体的浓度。

电厂停闭分两个阶段，第一阶段通过蒸汽发生器对一回路进行冷却，第二阶段使用RNS系统对一回路进行冷却。

在第一阶段，RCS的温度高于177 ℃，堆芯余热和反应堆冷却剂显热通过蒸汽发生器传给蒸汽系统。只要真空可以维持，蒸汽就排放到凝汽器。此时，1台或2台主泵处于运行状态以提供稳压器喷淋。稳压器则通过将切断稳压器电加热器及手动控制喷淋流量来冷却，冷却过程中要保证主泵最小入口压力。电站停闭第二阶段依靠正常余热排出系统来完成对堆芯的冷却。

当反应堆冷却剂温度低于177 ℃，压力达到2.76～3.10 MPa（表压力）范围内时，RNS系统投入运行，进入电站停闭第二阶段。RNS系统从二环路热段吸入冷却剂，经过热交换器冷却后，通过反应堆压力容器直接注入管线将冷却剂返回到一回路。当稳压器被冷却到与反应堆冷却剂泵运行所要求的最小压力相对应的饱和温度时，保持稳压器中的冷却剂压力时，继续对一回路进行冷却。在这期间，一回路压力保持在等于或高于反应堆冷却剂泵运行所要求的最小压力。当一回路温度降低到82 ℃时，需要通过化学和容积控制系统向一回路添加过氧化氢（H_2O_2），以降低RCS中的放射性，在添加H_2O_2的过程中，为保持稳压器和RCS系统其他部分的冷却剂中化学成分相平衡，反应堆冷却剂泵要继续运行。在向一回路添加过氧化氢之前，为了减少氢气在稳压器中聚集的可能性，操纵员可通过辅助喷淋管道向稳压器中充水。一旦稳压器被充满水，则由化学和容积控制系统中的下泄流量控制阀控制一回路压力并开启稳压器的喷淋阀，循环稳压器内的水，以保持稳压器和一回路冷却剂中的化学成分达到均衡。为保持反应堆冷却剂泵运行所需的系统压力，稳压器电加热器要继续运行。在RCS温度降到了71.7 ℃之后，若RCS的放射性水平已降低到计划停闭的水平，则可以停闭正在运行的反应堆冷却剂泵。

2.2.4.4 半管运行

在停堆工况下，为了方便蒸汽发生器的维修，需要对RCS进行排水，减少一回路水装量达到称之为"半管"运行的状态，液位标高为102.025 in。

RCS设置专用的热管段水位仪表，为操纵员提供一回路水位信息。在主控室可以进行半管运行的所有操作。

在冷却过程中，操纵员可以将化学和容积控制系统的下泄控制阀设置在"换料排水"模式。此时，操纵员手动停运补水泵，利用下泄控制阀控制到废液系统的排水流量。当RCS的水位下降到热管段顶部时，排水流量将从开始的最大流量降到4.5 m^3/h，达到要求的水位时，操纵员可以手动隔离下泄控制阀，停止排水。另外，一旦达到要求的水位，下泄控制阀和下泄管道安全壳隔离阀将会接到一个自动关闭的信号。如果水位继续下降，控制室发出报警，提醒操纵员手动隔离下泄管道。

达到半管运行状态后，就可以进行要求的维修活动。在换料时，需要在蒸汽发生器的入口和出口管嘴中安装堵板，以便在换料时继续进行蒸汽发生器的维修活动。

2.2.4.5 换料

在移去反应堆压力容器顶盖之前，需将RCS的温度降到51.7 ℃以下，并除去冷却剂中的氢气和裂变产物。在通过稳压器对一回路进行放气卸压后，开始进行RCS排水。当换料水位仪表指示冷却剂水位已经低于反应堆压力容器放气口时，开启压力容器顶盖放气阀开始放气，然后继续排水一直到水位低于压力容器法兰面为止。

接着向换料水池充水，首先依靠重力充水，然后由乏燃料池冷却系统的泵进行充水。因为乏燃料池冷却系统通过专门管线直接向换料水池充水，因此充入的水没有通过反应堆压力容器，这减少了换料阶段的辐射剂量，并且提高了换料水的透明度。

2.2.5 设计参数

2.2.5.1 总体参数

电厂设计寿命/a	60
核蒸汽供应系统热功率/MW	3 415
设计压力/MPa	17.1
设计温度/ ℃	343
运行表压力/MPa	15.4
一回路水装量/m^3	299
冷段数量	4
热段数量	2
热段内径/mm	790
冷段内径/mm	560
热段流量/(m^3/h)	40 325
冷段流量/(m^3/h)	17 876
冷段运行温度/℃	281

热段运行温度/℃	321

2.2.5.2 主泵

主泵数量	4
主泵类型	屏蔽泵
主泵材料	不锈钢等
主泵额定流量/(m^3/h)	17 876
主泵额定压头/m	111
设计表压力/MPa	17.13
设计温度/℃	343.3
最大持续设备冷却水进口温度/℃	35
泵出口管嘴内径/mm	559
泵吸入管嘴内径/mm	660

2.2.5.3 稳压器

稳压器容积/m^3	59.47
液相容积/m^3	28.32
汽相容积/m^3	31.15
稳态热量损失/kW	250
电加热器总功率/kW	1 600
比例电加热器总功率/kW	370
通断电加热器 A 总功率/kW	245
通断电加热器 B 总功率/kW	245
通断电加热器 C 总功率/kW	370
通断电加热器 D 总功率/kW	370
设计表压力/MPa	17.1
设计温度/℃	360
波动管嘴公称直径/mm	457.2
喷淋管嘴公称直径/mm	101.6
安全阀管嘴公称直径/mm	355.6
仪表管公称直径/mm	25.4

2.2.5.4 ADS 主要参数

ADS 系统参数见表 2-2-2。

表 2-2-2　自动卸压系统(ADS)主要参数

名　称	参　数	
ADS 第 1 级子系统	隔离阀	控制阀
数量	2 个	2 个
公称直径	102 mm	102 mm

续表

名　称	参　数	
ADS 第 1 级子系统	隔离阀	控制阀
设计表压力	17.1 MPa	17.1 MPa
设计温度	343.3 ℃	343.3 ℃
正常阀位	关闭	关闭
ADS 第 2、3 级子系统	隔离阀	控制阀
数量	2 个	2 个
公称直径	203 mm	203 mm
设计表压力	17.1 MPa	17.1 MPa
设计温度	343.3 ℃	343.3 ℃
正常阀位	关闭	关闭
ADS 第 4 级隔离阀	隔离阀	控制阀
数量	4 个	4 个
公称直径	365 mm	365 mm
设计表压力	17.1 MPa	17.1 MPa
设计温度	343.3 ℃	343.3 ℃
正常阀位	开启	关闭

2.3 化学和容积控制系统(CVS)

2.3.1 系统功能

2.3.1.1 安全相关功能

（1）在事故工况下，自动隔离贯穿安全壳的化学和容积控制系统管道；

（2）在发生意外硼稀释事故时，自动隔离水源；

（3）保持一回路压力边界的完整性；

（4）在收到稳压器水位高信号时自动隔离补水管线，防止稳压器满溢；

（5）在停堆工况下收到一回路热段水位低信号时自动隔离下泄管线，以维持一回路水装量。

2.3.1.2 其他功能

（1）在一回路发生很小的泄漏时，向一回路补水，避免非能动安全系统启动；

（2）在事故工况下，将 RCS 硼化到安全停堆状态；

（3）为稳压器提供辅助喷淋水；

（4）在电厂正常运行时，保持 RCS 的水装量和稳压器的程序水位；在冷停堆工况下进行维修操作时，维持一回路热段的水位；

（5）利用离子交换床和过滤器去除离子状和颗粒状杂质，保持反应堆冷却剂的水质和放射性活度在规定的范围内；将一回路冷却剂排向核岛液体废物系统（WLS）的脱气塔除去一回路冷却剂中的放射性裂变气体和氢气；

（6）在电厂启动、停闭或补偿燃耗时调节硼浓度，满足反应性的控制要求。调节反应堆冷却剂中氢氧化锂的浓度，以控制 pH 值；

（7）在电厂功率运行期间，通过向一回路添加氢气，保持反应堆冷却剂中溶解氢的含量，抑制一回路水的辐照分解；在电厂冷启动阶段向 RCS 系统添加化学除氧药物，控制冷却剂中游离氧的浓度；

（8）为 RCS 系统进行充水、排水，为 RCS 进行水压试验提供接口；

（9）在 RCS 水实体情况下，利用下泄背压控制阀和上充流量调节阀，调节一回路压力；

（10）制备、贮存和供应容积控制、反应性控制和化学控制所需要的各种流体。

2.3.2 系统描述

化学和容积控制系统按功能划分，可分为以下子系统（见图 2-3-1）。

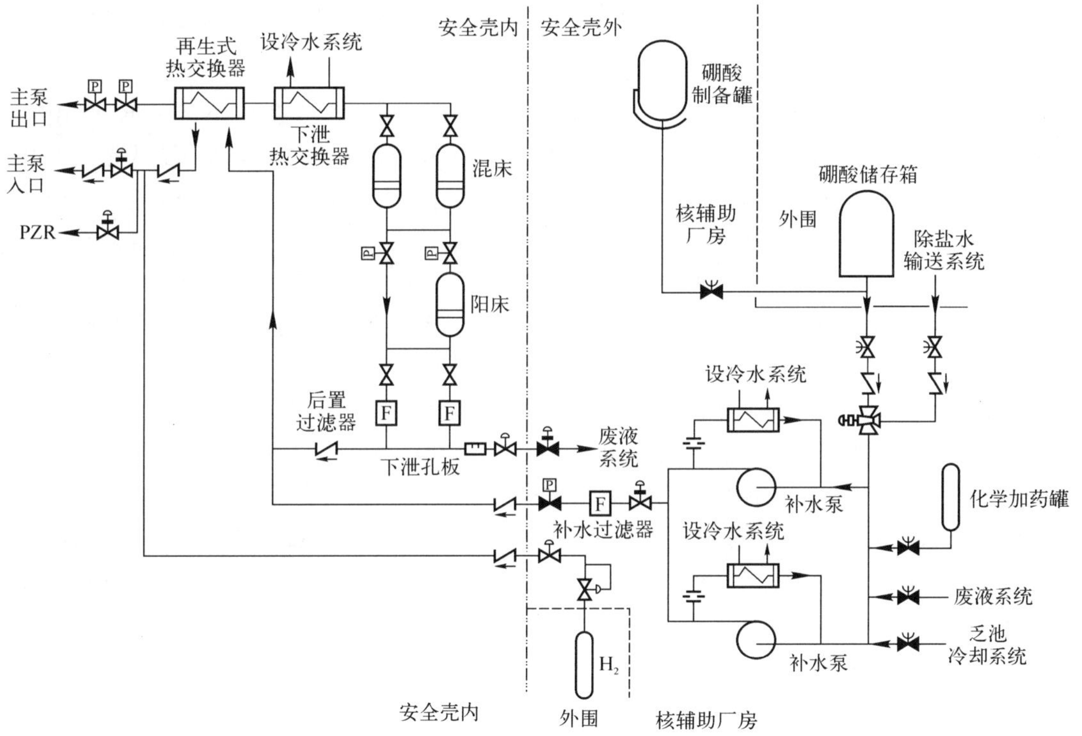

图 2-3-1 化学和容积控制系统（CVS）流程图

（1）净化子系统

净化子系统由下泄热交换器、再生热交换器、除盐床、过滤器及相应的仪表、阀门、管道组成，整个净化回路均位于安全壳内。净化子系统的主要功能是去除一回路冷却剂中的腐蚀产物及裂变产物。其中，混床用来除去离子状裂变产物和腐蚀产物，过滤器用来除去颗粒状杂质和碎树脂，阳床在需要时可以用来除去反应堆冷却剂中的锂，也可以在发生燃料破损事故时除去放射性同位素铯。

（2）补水子系统

补水子系统由补水泵、硼酸制备箱、硼酸储存箱及相应的仪表、阀门、管道组成。补水泵位于辅助厂房内，通过一个入口总管与硼酸储存箱或除盐水系统相连。补水子系统在净化回路高压过滤器下游接入安全壳内的净化子系统。

（3）下泄子系统

下泄子系统从净化子系统净化回路高压过滤器下游引出安全壳，用于将下泄流体经下泄孔板和安全壳隔离阀后，引入核岛液体废物系统。

（4）锌/氢气注入子系统

锌/氢气注入子系统包括锌注入单元和氢气注入单元。锌注入单元和氢气注入单元共用一条管线与RCS连接。注入管线在净化回路再生热交换器壳侧出口管线下游接入净化子系统。锌注入单元以很小的流量连续向RCS添加醋酸锌，维持冷却剂中锌的浓度，以降低电厂职业辐射剂量。

（5）辅助喷淋子系统

辅助喷淋管线从再生热交换器下游管线引出，用于在需要时对稳压器进行喷淋。

2.3.2.1 净化

净化回路布置在安全壳内，在反应堆冷却剂系统压力下运行，在功率运行期间，由主泵为其驱动压头。净化流从一环路主泵B的出口引出，经过净化隔离阀（V001、V002、V003）后，进入再生式热交换器和下泄热交换器对其进行冷却冷却，冷却后的净化流流经一台混床进行处理，接着通过一台过滤器，再经再生式热交换器加热后再返回到主泵入口。在某些情况下还需要投入一台阳床对冷却剂进行处理。

电厂停堆期间主泵停运后，除盐床等设备以支路形式连接到余热排出系统的冷却回路对主回路的水进行低压净化，此时由余排泵提供驱动压头。

在电厂停堆过程中，必须将反应堆冷却剂中的放射性气体和氢气浓度降低到一定数值，才允许开启一回路压力边界，因此必须对一回路冷却剂进行除气。另外，当一回路燃料元件的破损超过正常范围时也需要对一回路冷却剂进行除气。除气是通过将冷却剂引入核岛液体废物系统来实现的。在进行除气操作时，下泄流先经过下泄孔板降压，然后排入核岛液体废物处理系统的脱气装置进行除气，除气后的冷却剂储存在液体废物处理系统的流出液暂存箱，再由补水泵送回RCS。

2.3.2.2 容积控制

当一回路温度大幅改变或一回路出现泄漏使一回路冷却剂的体积变化超出稳压器的调节范围时，需通过CVS来进行容积补偿。一回路的补水及下泄是由反应堆补水控制系统（RMCS）来控制的，RMCS与稳压器液位控制系统一起将稳压器水位控制在正常运行范围内。

当稳压器液位低而需要补水时，RMCS自动控制三通阀V115的开度，使硼水比例与一回路硼浓度相匹配，接着补水泵自动启动，向RCS系统进行补水。当稳压器液位高需要排水时，RMCS系统控制下泄隔离阀自动开启，将一回路冷却剂经下泄孔板降压后排向核岛液体废物系统。

2.3.2.3 硼浓度调节

电厂运行期间，需要对 RCS 的硼浓度进行调节以补偿启堆、停堆、换料和燃耗引起的反应性变化。硼浓度的调节采用 2.5% 的硼酸溶液（4 375 ppm）和除盐水配合并以上充和下泄的方式进行。

当需要增加一回路硼浓度时，RMCS 设置为硼化模式，自动控制三通阀 V115 向硼酸储存箱全开，然后补水泵启动，向 RCS 系统中注入浓硼酸。

当需要降低一回路硼浓度时，RMCS 设置为稀释模式，自动控制三通阀 V115 向除盐水系统全开，然后补水泵启动，向 RCS 系统中注入除盐水。当稳压器液位升高至设定值时，下泄子系统自动投入，维持稳压器水位在正常范围内。

另外，还可以以混合或自动补给模式运行，此时由补水泵将硼酸与除盐水的混合溶液输送至一回路中，硼酸及除盐水的混合比例由所需硼浓度决定。

在寿期末，一回路硼浓度会变得很低，此时如果采用稀释的方式来降低一回路的硼浓度，将会产生大量的废液。因此，在硼浓度很低时往往采用除硼的方式来降低硼浓度，即将化学和容积控制系统的备用混床投入运行除去反应堆冷却剂中的硼。

2.3.2.4 pH 控制

电厂运行期间，通过向一回路添加或去除氢氧化锂（^{7}LiOH）来进行冷却剂 pH 的控制。氢氧化锂所含^{7}Li 同位素的丰度必须超过 99.9%。在添加氢氧化锂时，需要通过化学添加箱手动配备所需药剂，然后通过补水泵注入 RCS 系统。在需要除去一回路冷却剂中过量的^{7}LiOH 时，需投入净化子系统的阳床来进行除锂操作。在寿期初由于硼的浓度较高，^{10}B(n,α)^{7}Li辐照分解反应产生过多的^{7}Li，此时需要投入阳床，除去过多的锂离子。在寿期末 RCS 的硼浓度降低，^{10}B(n,α)^{7}Li 反应较弱，可以根据需要向一回路添加^{7}LiOH。

2.3.2.5 含氧量控制

含氧量的控制有两种不同的方式，一种方式是在反应堆启动阶段，向 RCS 添加联氨作为除氧剂，进行化学除氧。另一种方式是在功率运行时向 RCS 加氢，减少冷却剂的辐照分解产生的游离氧。联氨的添加是通过化学添加箱用补水泵注入 RCS 系统的，氢气则由电厂气体系统的高压氢气瓶提供，经过氢气注入管线进入再生热交换器壳侧下游管线，并最终注入反应堆冷却剂系统。

2.3.2.6 硼酸配制回路

化学和容积控制系统通过浓硼酸溶液与除盐水进行混合可以为用户提供不同浓度的硼酸溶液，这些用户包括堆芯补水箱、安注箱和安全壳内换料水箱（IRWST）以及乏燃料水池。

2.3.2.7 RCS 充水及水压试验

RCS 的充水是通过补水泵来进行的，补水泵从硼酸箱及除盐水箱吸水或从 WLS 系统的暂存箱吸水，将合适浓度的硼酸溶液通过补水回路输送至一回路。

在电厂进行初始水压试验时，CVS 系统仅为水压试验泵提供与 RCS 的接口。在换料或维修后需要进行水压试验时，可以通过补水泵对一回路进行充水打压。

2.3.3 主要设备

2.3.3.1 补水泵

CVS有两台补水泵，一台补水泵即可以实现RCS容积控制、添加化学药剂等功能。补水泵为卧式、多级离心泵，通过联轴器与交流电机连接。补水泵采用机械密封，电机和润滑油冷却器均为空冷。

两台补水泵均位于辅助厂房内，并联布置，正常运行时一台泵运行，另一台处于备用位置。在失去交流电源时，补水泵由柴油机带载。

2.3.3.2 再生热交换器

再生热交换器为管壳式热交换器，管侧和壳侧均采用不锈钢制造，管侧流经未经过净化的流体，壳侧为净化后的流体。再生热交换器用于对从RCS系统排出的高温流体进行初次降温，并利用高温流体的热量对即将进入一回路的净化流体进行加热，从而减小由于低温补水进入高温的一回路对一回路管道造成的热冲击。

2.3.3.3 下泄热交换器

下泄热交换器为U形管式热交换器，冷却水来自设备冷却水系统。下泄热交换器将净化流冷却到130 ℉以下，以满足离子交换床的运行要求。下泄流体的出口温度通过调节设备冷却水流量调节阀来控制。高温净化流体经过下泄热交换器的管侧，冷却水经过壳侧。管侧材料是不锈钢制造，壳侧材料为碳钢。

2.3.3.4 小流量热交换器

CVS有两台小流量热交换器，每台补水泵对应一台。小流量热交换器用来将补水泵的循环流量冷却到150 ℉以下，防止循环流量过热。小流量热交换器为U形管式热交换器，由设备冷却水进行冷却，循环流量经过管侧，设冷水经过壳侧。管侧材料是不锈钢，壳侧为碳钢。

2.3.3.5 硼酸储存箱

硼酸储存箱用于储存硼酸制备箱配制的2.5%浓度的硼酸溶液，其容积为74 000加仑。硼酸储存箱只有一个，位于附属厂房外面的空地上，是一个立式、圆柱形箱体。由于在负荷变化期间，不需要调节一回路硼浓度，故在功率运行期间硼酸的使用量很少，由添加硼酸附带引入的氧气量也很少，因此，硼酸储存箱通过排气管线直接与大气相连。

硼酸储存箱内设置有电加热器，可以保证箱内硼酸浓度不低于45 ℉，防止硼酸结晶。

2.3.3.6 硼酸制备箱

硼酸制备箱是一个奥氏体不锈钢圆柱形箱体，用于制备2.5%浓度的硼酸溶液。在硼酸溶液制备之后，将硼酸溶液传输至硼酸储存箱。

硼酸制备箱上部设有添加硼酸晶体的接管，侧面设有与除盐水系统的接口及溢流管线，下部设有疏水及取样管线。

硼酸制备箱设有搅拌器，以加速硼酸晶体的溶解。箱内还设有电加热器，以防止硼酸溶液结晶。

2.3.3.7　化学添加箱

化学添加箱是一个立式、圆柱形箱体，材料为不锈钢。通过化学添加箱可以向一回路添加多种药剂，其容积按向冷态、水实体状态下的 RCS 添加 10 ppm 的 35％浓度联胺来设计。

2.3.4　系统运行

2.3.4.1　电厂启动

电厂启动前，利用化学和容积控制系统为 RCS 进行初始充水。在 RCS 水实体工况下，利用下泄流量控制阀和补水流量调节阀控制一回路压力，此时，下泄流量需经节流孔板的旁路管线排入核岛液体废物系统。当一回路压力达到主泵启动压力后，启动主泵对 RCS 进行加热，在加热的初始阶段，向 RCS 添加化学除氧药物，随后再加入 H_2，使 H_2 浓度达到 30 cm^3/kg(STP)。

在一回路加热期间，冷却剂体积会大幅膨胀，此时由化学和容积控制系统将多余的冷却剂排到 WLS 系统。稳压器汽腔建立以后，RCS 压力由稳压器进行控制。

在反应堆临界前，为降低 RCS 的硼浓度，化学和容积控制系统还需要进行硼稀释操作。

2.3.4.2　功率运行

反应堆稳态功率运行时，CVS 的净化回路连续进行，1 台混床和一个过滤器投入运行。补水和下泄子系统根据稳压器液位运行，一台补水泵处于自动状态，另一台备用，CVS 补水模式一般处于自动补给模式。另外，CVS 需进行稀释操作以补偿燃耗效应，并使控制棒回到相应的调节带。

在电厂负荷跟踪运行时，RCS 不需要调节硼浓度，反应堆功率变化和氙毒变化引起的反应性补偿均由控制棒完成。

2.3.4.3　电厂停闭

在冷停堆过程开始前，将下泄流导入核岛液体废物系统的脱气装置进行除气，然后返回补水泵的吸入口。除气过程大约需要 48 h，以充分降低反应堆冷却剂中的放射性水平和氢气浓度，从而满足人员进入安全壳内进行换料或维修操作的要求。

在 RCS 降温降压前，通过 CVS 将反应堆冷却剂的硼浓度应增加到冷停堆硼浓度。另外，在降温降压过程中，向一回路补水以补偿一回路冷却剂体积收缩，维持稳压器水位在正常范围内。

在主泵停运后，由正常余热排出泵提供驱动力，继续对一回路进行净化。另外，补水泵为稳压器提供辅助喷淋，使稳压器进一步降温降压。

2.3.5　仪表和控制

2.3.5.1　主要仪表

(1) 下泄压力表 CVS-PT040

下泄压力表 CVS-PT040 用于测量通往 WLS 系统除气器的下泄流体的压力，它位于下泄孔板的下游，WLS 系统除气器的上游。该仪表主要用于在一回路水实体情况下，通过控制安全壳外下泄管线控制阀 V047 的开度来控制一回路的压力。

（2）除盐水供水管线压力表 CVS-PT114

除盐水供水管线压力表 CVS-PT114 位于除盐水向补水泵供水的管线上，用于测量除盐水供水管线压力。当除盐水供水管线压力低时，表示失去除盐水源，此时补水泵入口三通阀 V115 自动全开向硼酸储存箱。

（3）供氢管线压力表 CVS-PT201

供氢管线压力表 CVS-PT201 用于测量供氢管线的入口压力。由于流量是气体压力的函数，故入口压力可以用来确定一回路补氢的流量。在一回路补氢时，在操纵员手动设定需要补入一回路的氢气容积之后，可以通过氢气入口压力测量值计算出的氢气流量来确定补氢隔离阀 V204 开启的时间。

（4）下泄热交换器出口温度表 CVS-TE-002

下泄热交换器出口温度表 CVS-TE-002 位于下泄热交换器下游，离子交换树脂上游。当 CVS-TE-002 温度高时，控制下泄热交换器冷却水流量的 CCS 控制阀全开，以保护离子交换树脂。当 CVS-TE-002 温度高高时，净化隔离阀 V003 自动关闭，自动隔离净化管线。

（5）硼酸储存箱温度表 CVS-TE-101

硼酸储存箱温度计 CVS-TE-101 用于测量和控制硼酸储存箱的温度，以防止位于厂区的硼酸储存箱在冬天结冰。当硼酸储存箱内温度低时，硼酸储存箱内的浸入式电加热器自动投入。

（6）硼酸制备箱温度表 CVS-TE-107

硼酸制备箱温度计 CVS-TE-107 用于测量和控制硼酸制备箱的温度，以保证在制备硼酸时硼酸制备箱中的温度位于要求的范围内。当硼酸制备箱内温度低时，硼酸制备箱内的浸入式电加热器自动投入；当硼酸制备箱内温度高时，硼酸制备箱内的浸入式电加热器自动停运。

（7）硼酸流量表 CVS-FT-115

硼酸流量表 CVS-FT-115 位于硼酸储存箱的下游，三通阀 V115 的上游。该仪表主要用于控制三通阀 V115 的开度，以得到合乎要求的硼浓度。

（8）补水流量表 CVS-FT-157

补水流量表 CVS-FT-157 位于补水泵排放母管上，用于控制补水流量调节阀 V157，以得到合乎要求的补水流量。

2.3.5.2 反应堆补水控制

反应堆补水控制系统（RMCS）属于 PLS 系统的一部分。在电站日常运行过程中，每天均需测量一回路的硼浓度，并将其数值输入到 RMCS 中，以确定在向一回路进行补水时三通阀 V115 的开度。

在 RMCS 自动运行时，操纵员可以手动设置 RMCS 的运行模式。如果需要对一回路进行硼化，则操纵员首先输入向一回路注入的硼酸体积及注入流量，然后启动硼化模式。此时三通阀 V115 全开向硼酸储存箱，除盐水隔离阀 V136A/B 自动关闭，选定的补水泵自动启动。FT157 用于测量补水流量，当累计补水容积达到定值时发出停运信号，运行的补水泵自动停运。在向一回路补水过程中，下泄隔离阀 V045/V047/V059 由稳压器水位控制程序自动控制，在稳压器水位达到高定值时自动开启。

如果需要对一回路进行稀释，则操纵员首先输入向一回路注入的水容积和注入流量，然后启动稀释模式。此时三通阀 V115 全开向除盐水补水管线，除盐水隔离阀 V136A/B 自动开启，选定的补水泵自动启动。FT157 用于测量补水流量，当累计补水容积达到定值时发出停运信号，运行的补水泵自动停运。在向一回路补水过程中，下泄隔离阀 V045/V047/V059 由稳压器水位控制程序自动控制，在稳压器水位达到高定值时自动开启。

当一回路发生小泄漏时，需要向一回路补充与一回路相同硼浓度的硼酸溶液，此时可以选择混合模式。在这种情况下，操纵员首先输入向一回路注入的硼酸体积及注入流量，然后启动混合模式。之后三通阀 V115 的开度由一回路硼浓度确定，除盐水隔离阀 V136A/B 自动开启，选定的补水泵自动启动。FT157 用于测量补水流量，当累计补水容积达到定值时发出停运信号，运行的补水泵自动停运。

在功率运行时，RMCS 一般设置在自动补水模式，此时补水泵和相关阀门的动作由稳压器水位自动控制。在自动补水模式下，当达到稳压器水位低定值时，选定的补水泵自动启动，此时三通阀 V115 的开度由一回路硼浓度确定。随着向一回路补水的进行，稳压器水位升高，当升高到稳压器水位高定值时，选定的补水泵自动停运。稳压器水位高定值和低定值可以由操纵员根据需要手动调节。

2.4　正常余热排出系统(RNS)

2.4.1　概述

正常余热排出系统(RNS)又可称为停堆冷却系统，核安全要求在任何情况下都能够保证核燃料的持续、有效冷却。在正常运行时，燃料产生的热量通过蒸汽发生器来导出。反应堆停堆以后，核功率虽然消失，但堆芯仍会产生一定的衰变热，因此，仍然需要对堆芯进行持续冷却。停堆后的初始阶段仍然由二回路对堆芯进行冷却，当二回路冷却效率过低时，由余热排出系统对一回路进行冷却。

2.4.2　系统功能

2.4.2.1　安全相关功能

(1) 为贯穿安全壳的正常余热排出系统管线提供安全壳隔离功能；

(2) 在正常余热排出系统与反应堆冷却剂系统连接处，承担一回路压力边界的功能。

2.4.2.2　其他功能

(1) 停堆冷却：在停堆冷却的第二阶段，将一回路从 176.7 ℃降到 51.7 ℃，并维持此温度稳定；

(2) 停堆净化：在换料工况下，余热排出泵代替主泵为化学和容积控制系统的净化流量提供驱动压头，对一回路和换料水池的水进行净化；

(3) 停堆疏水：在换料工况下，正常余热排出系统可以和化学和容积控制系统相配合，对一回路冷却剂进行疏水；

(4) 在电厂启动、停闭和换料运行期间，利用正常余热排出系统的安全阀为 RCS 提供低温超压保护；

(5) 冷却安全壳内换料水箱(IRWST)：当安全壳内换料水箱温度高时，正常余热排出系统提供IRWST的冷却，保持IRWST的正常温度不高于48.9 ℃；在发生事故后，若非能动余热排出热交换器(PRHR HX)投入运行，正常余热排出系统保持IRWST的水温低于沸点；

(6) 为乏燃料水池提供备用的冷却手段；

(7) 事故后，为了长期保持安全壳的水装量，提供安全壳补水通路；

(8) 事故后向一回路补水：自动卸压系统(ADS)动作后，若厂内电源可用，RNS泵可作为低压安注泵使用，将乏燃料容器装载井或安全壳内换料水箱中的水补入一回路，以防止堆芯补水箱水位继续下降而触发ADS第4级卸压阀动作和IRWST的非能动安全注射；

(9) 事故后安全壳再循环功能：在发生一回路失水事故后，正常余热排出系统可以通过与非能动堆芯冷却系统的连接管线，将安全壳内的再循环流量注入压力容器，来提供对堆芯的冷却。

2.4.3 系统描述

如图2-4-1所示，正常余热排出系统分为A、B两列，每个系列各有一台余热排出泵和一台余热排出热交换器。系统通过一个入口总管与一回路热段直接连接，通过一个出口总管与非能动堆芯冷却系统直接注入管线连接，入口总管和出口总管均为两个系列共用。

RNS的入口总管从RCS系统二环路热段引出，随后入口总管分为并联的两列，每列安装了两个串联的常关电动隔离阀。这种阀门的布置方式可以保证在一个隔离阀开启失效时正常余热排出系统仍能执行其正常功能且在一个隔离阀关闭失效时仍能执行其隔离功能。入口总管穿出安全壳之后，经过一个常关的电动隔离阀，分为两条独立的管线，每条管线与一台余排泵相连。每台余排泵的出口与对应的余排热交换器相连，两台热交换器的出口都连接到出口总管上。RNS系统出口总管穿入安全壳后，管道上设置有一个作为安全壳隔离阀的止回阀。在止回阀下游，出口总管分为两条管线，每条管线分别通过一条直接注入管线与压力容器相连。在每条管线上均串联有一个止回阀和一个截止止回阀，作为一回路的压力边界。

连接到一回路热段的RNS管嘴与安全壳外的安全壳隔离阀之间的RNS管线按反应堆冷却剂系统的全压设计，系统在安全壳外其余部分的设计压力虽然低于RCS系统设计压力，但是可以保证在RCS全压下管道不会发生破裂。

余热排出系统入口总管上安装有一个安全阀，防止正常余热排出系统超压。在正常余热排出系统和一回路连通后，为一回路提供低温超压保护。安全阀动作后，流体将排入安全壳地坑。

余热排出泵设有小流量管线，可以在RCS系统压力高于余排泵出口压力时提供足够的流量，以保护余排泵。小流量管线的投入与切除通过一个气动阀进行控制，当需要增加冷却流量时可以切除小流量管线，当泵的出口流量低于整定值时，小流量管线会自动投入。

安全壳内换料水箱通过一个常关的电动隔离阀V023与RNS的入口总管相连，通过一个常关的电动隔离阀V024与RNS的出口总管相连，用来对安全壳内换料水箱进行冷却。在停堆换料工况下，RNS可以将换料水箱中的浓硼水充入换料水池，或者将换料水池中的水排回换料水箱。

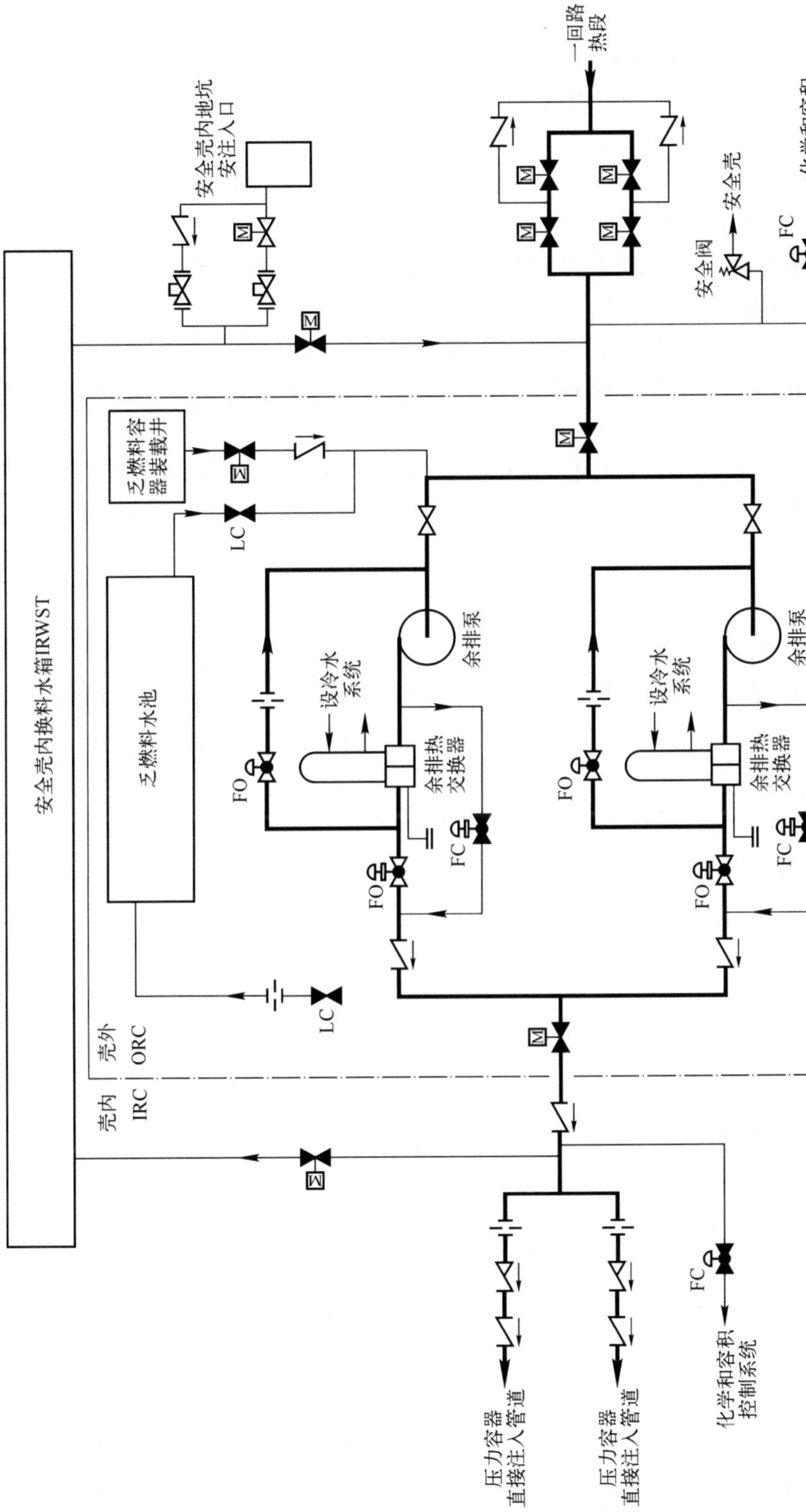

图2-4-1　正常余热排出系统(RNS)流程图

另外，正常余热排出系统还设置有以下管线，以执行一些特定功能：

停堆净化管线：净化管线从余排泵下游的出口总管连接到化学和容积控制系统混床的上游，净化回流管线从 CVS 再生热交换器上游连接到 RNS 入口总管。在换料工况下，余热排出泵可以通过停堆净化管线对一回路和换料水池的水进行净化。

低压安注管线：在第一阶段自动卸压系统（ADS）动作后，若厂内电源可用，余热排出系统可以从乏燃料容器装载井向 RCS 补水，从而避免堆芯补水箱水位继续下降而触发 ADS 第 4 级卸压阀的动作和 IRWST 的非能动安全注射。

乏燃料水池的冷却管线：在正常余热排出系统不需要对一回路进行冷却时，通过这条管线可以为乏燃料水池提供备用的冷却手段。

严重事故后安全壳紧急排气管线：在发生堆芯熔化导致反应堆压力容器熔穿的严重事故工况下，通过余排泵入口总管隔离阀和乏燃料水池手动隔离阀，为安全壳提供向乏燃料水池紧急卸压的排气通道。

安全壳补水管线：长期再循环阶段，临时补水水源可以通过 RNS 出口总管的试验管线，向安全壳内补水，保持安全壳内的水装量。

2.4.4 主要设备

2.4.4.1 余热排出泵

RNS 有两台 100％容量的余排泵，余排泵为单级立式离心泵，由异步电机驱动。每台泵都装有机械密封，由设冷水为密封装置提供冷却。在机械密封的外部，设有应急轴衬，用于在机械密封失效时限制泄漏流量不超过 22.7 m^3/h，从而为 LOCA 事故提供了保护。当吸入口流体中的气体体积百分比小于 5％时，余热排出泵能持续运行。

2.4.4.2 余热排出热交换器

RNS 有两台 100％容量的立式 U 形管式热交换器。一回路冷却剂从传热管内部流过，设备冷却水从热交换器壳侧流过。管侧的材料为不锈钢，壳侧的材料为碳钢。

2.4.5 系统运行

2.4.5.1 电厂启动

在冷停堆工况，RNS 的两台泵和两台热交换器均投入运行，对堆芯进行冷却。另外，正常余热排出系统可以通过化学和容积控制系统实现停堆净化和低压下泄。主泵投入运行后，不再需要停堆净化流量，可以停运 RNS 泵，但 RNS 仍与 RCS 连通，向 RCS 提供低温超压保护。随着主泵的启动，一回路冷却剂温度升高。当一回路温度、压力达到 RNS 退出限值，将 RNS 与一回路系统隔离。

2.4.5.2 功率运行

在功率运行时，RNS 系统与 RCS 系统隔离，RNS 系统的安全壳隔离阀及入口隔离阀均关闭。在功率运行时，可以根据需要用 RNS 系统来冷却安全壳内换料水箱。

2.4.5.3 电厂停运

在电厂停运的第一阶段，RCS 的热量由蒸汽发生器导出。停堆后约 4 h，RCS 的温度降到 176.7 ℃，压力下降到约 3.1 MPa(表压力)，即开始第二阶段的停堆冷却。在投入 RNS 前，首先要将 RNS 在线到 IRWST 对 RNS 进行充水排气，防止高压的一回路冷却剂进入 RNS 系统时产生水锤现象。接着对 RNS 系统中的水进行取样，以确认 RNS 中的硼浓度不低于一回路冷却剂中的硼浓度。之后还需要先通过 RNS 泵的小流量管线对系统进行预热，以减少对设备的热冲击。接着就可以将 RNS 与 IRWST 隔离，开启 RNS 系统入口隔离阀和出口隔离阀，将 RNS 投入运行。RCS 的降温速率由 RNS 热交换器的流量控制阀调节，当一回路温度下降到 60 ℃时 RCS 系统可以开启，以便进行换料或维修操作。RCS 卸压后，RNS 继续运行，停堆后约 96 h，RCS 可降温至 51.7 ℃。

2.4.5.4　电厂换料

在换料停堆初期，需 RNS 的两个系列都投入运行，后期可停运一个系列。另外，RNS 具有为换料水池充水的能力，但为了改善池水的清晰度、降低放射性剂量，一般不用 RNS 通过反应堆向换料水池充水，而由乏燃料水池冷却净化系统(SFS)完成充水。

2.4.5.5　电厂半管运行工况

在电厂半管运行工况下，RNS 的两个系列继续运行，以带出堆芯燃料组件的衰变热。RCS 主管道热段的水平标高低于冷段的标高，这样设计的好处是当需要维修蒸汽发生器而在其下腔室内安装下封头的管嘴密封盖时，RCS 热段可保持较高水位。此外，由于主管道的冷段高于热段，允许在燃料组件留在堆芯的情况下维修主泵。

2.5　设备冷却水系统(CCS)

2.5.1　概述

设备冷却水系统是一个封闭式冷却水系统，该系统在电厂正常运行各阶段将核岛设备运行发热、堆芯衰变热、反应堆冷却剂系统的显热传递给厂用水系统，并最终传递给最终热阱——海水。

2.5.2　系统功能

(1) CCS 系统的安全壳隔离阀可以为贯穿安全壳的设备冷却水管线执行事故后安全壳隔离功能，以保持安全壳的完整性；

(2) 向核岛各种热交换器、泵及其他位置的设备提供冷却水，保证电厂的正常运行；

(3) 在需要冷却的设备与海水之间形成了一道放射性物质释放的屏障，防止放射性物质直接释放到环境；并避免海水泄漏至安全壳和反应堆冷却剂系统内。

2.5.3　系统描述

如图 2-5-1 所示，设冷水系统分为 A、B 两列，每列包括一台设冷水泵和一台设冷水热交换器，两列共用一个波动箱和一条供水/回水母管。设冷水泵下游有一条连通管道，确保每一台设冷水泵可以向任意一个热交换器供水。两台设冷水热交换器均设置了旁路管道，旁路管道上安装有一个节流阀，此阀门正常运行时关闭，只有在冬季为了防止设冷水温度太低

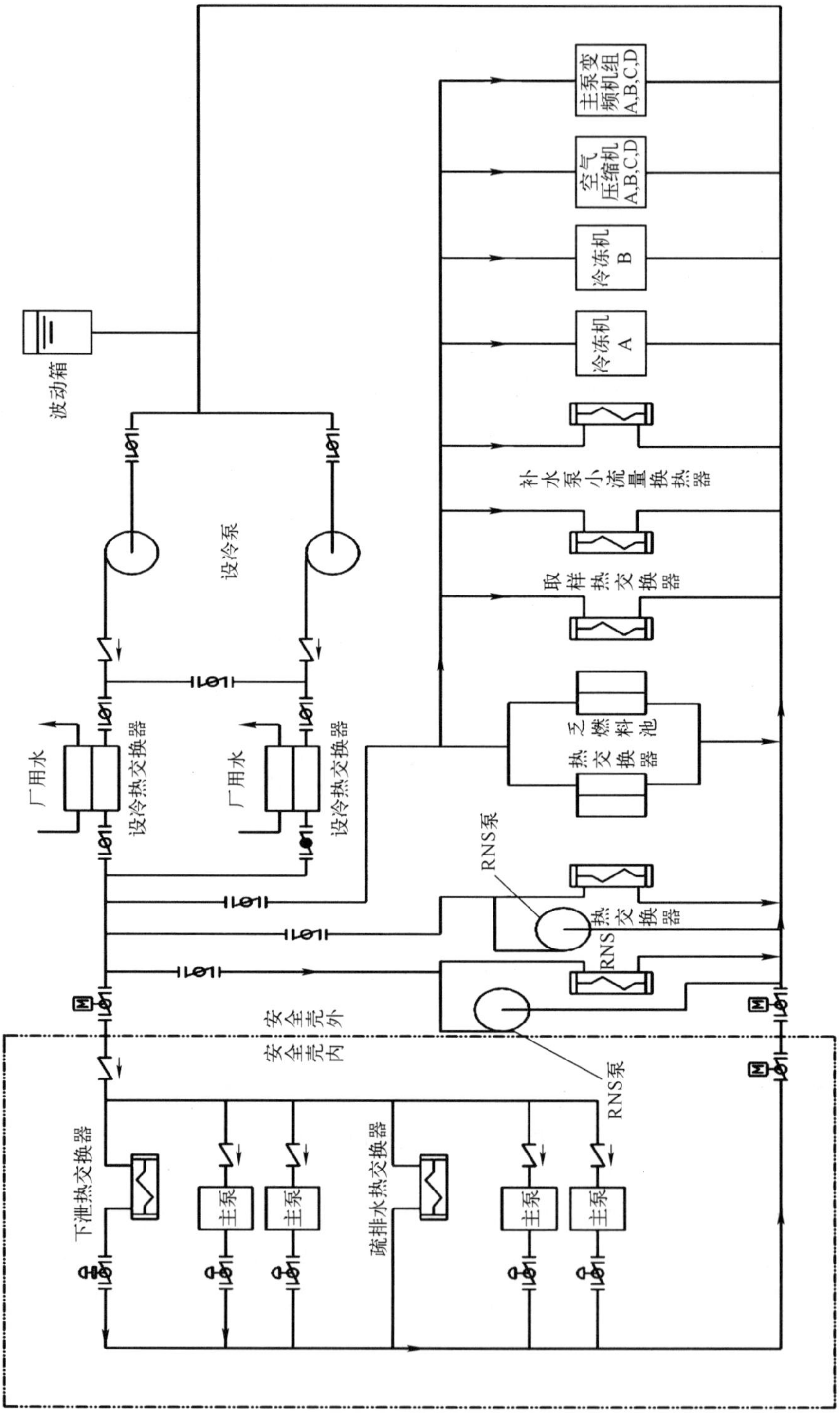

图2-5-1 设备冷却水系统(CCS)流程图

时才开启。

设冷水系统的管线布置根据设冷水用户分布情况，采用“母管—分支”的布局。每个设冷水用户单独对应一条分支管道，所有分支管道集中到供水和回水母管上。一般情况下，用户的设冷水流量通过预置的流量调节孔板进行调节，但下泄热交换器的设冷水流量可通过流量调节阀 V221 进行调节。

为了方便正常运行时对用户设备进行检修，每个用户的设冷水都可以单独隔离。除 WLS 热交换器外，安全壳内用户均使用远方遥控方式隔离，安全壳外用户均使用就地手动方式隔离。

波动箱接在泵的吸入口，它位于系统的最高点，可以为设冷水泵的运行提供需要的净正吸入压头，并对水的膨胀、收缩和系统泄漏提供补偿。波动箱通过排气孔直接与汽轮机厂房大气连通。波动箱的补水来自除盐水储存和分配系统(DWS)，补水由波动箱的液位进行自动控制，液位低时启动补水，液位高时补水自动停止。

在设冷泵 A 出口管线到波动箱的管线上安装了一个化学添加箱，用于向系统添加化学添加剂，从而减少冷却水对设备的腐蚀。

设备冷却水系统向以下用户提供设备冷却水：

(1) 正常余热排出系统(RNS)的热交换器和泵；
(2) 化学和容积控制系统(CVS)补水泵的小流量冷却器；
(3) 化学和容积控制系统下泄热交换器；
(4) 乏燃料水池冷却热交换器；
(5) 空气压缩机；
(6) 冷冻机；
(7) 主泵；
(8) 主泵变频器；
(9) 一回路取样系统热交换器；
(10) 核岛液体废物系统热交换器等。

2.5.4　主要设备

2.5.4.1　设冷水泵

CCS 共有两台设冷泵，均为卧式离心泵，每台泵通过联轴器与交流异步电动机相连。每台泵的流量能够满足相应热交换器的换热要求。

设冷水泵的运行应满足下列要求：设冷水的运行压力要高于厂用水的压力，以防止海水漏入设冷水系统；设备冷却水不能通过热交换器向一回路系统泄漏；安全壳内设冷水系统的运行压力要高于安全壳的设计压力，以避免安全壳内流体向系统泄漏；另外，设冷泵的压头也要能够克服设冷水系统回路的阻力，保证通过核岛热交换器的设冷水流量。

2.5.4.2　设冷水热交换器

设备冷却水热交换器是板式热交换器，设备冷却水通过热交换器的一侧，而厂用水通过热交换器的另一侧。在正常功率运行时，只需要一台热交换器运行，另外一台作为备用，任一台设备冷却水热交换器可以与任一台设备冷却水泵组合运行，从而允许另一台热交换器退出运行。

2.5.4.3 波动箱

波动箱是一个立式、碳钢圆柱体容器，容积为 5 400 加仑，用于为设冷水泵提供所需的吸入压头，并对水的膨胀、收缩和可能的泄漏提供补偿。箱体设计能够满足 50 gpm (11.36 m^3/h)的系统泄漏，且 30 min 内不需要操纵员的任何干预。

2.5.5 系统运行

2.5.5.1 电厂启动

电厂启动前设冷水系统的两个系列都应投入运行。当电厂开始升温，主泵投入运行，化学和容积控制系统的下泄热交换器设置为温度自动控制模式，以保持下泄流的恒定温度。在电厂启动过程中需要监测设冷水的流量和温度，使之在所要求的限值内。

2.5.5.2 功率运行

电厂功率运行时，设冷水系统的一个系列保持运行，另一系列处于备用状态。若运行系列的设备冷却水泵故障，备用系列将自动启动。当波动箱水位下降到低 3 定值时，CCS 泵自动停运，防止 CCS 泵损坏。由于 CCS 泵停运后，主泵轴承水温度高信号会触发所有主泵停运，从而引起反应堆紧急停堆，故为了降低反应堆误停堆的概率，只有当波动箱的两个水位计均达到低 3 定值时才触发 CCS 泵停运。功率运行时，波动箱补水阀由波动箱液位自动控制，以补偿系统的正常泄漏。化学人员应定期对设冷水取样分析，监测设冷水的水质指标，必要时向系统添加缓蚀剂。

2.5.5.3 电厂停闭

停堆后约 4 h，RCS 温度降至 176.7 ℃，压力降至 2.76～3.10 MPa(表压力)，RCS 进入停堆冷却的第二阶段，此时需启动备用的设冷水泵和热交换器，为 RNS 热交换器提供设冷水。设冷水系统与正常余热排出系统(RNS)和厂用水系统一起，可将 RCS 温度在停堆后 96 h 内降至 51.7 ℃。在停堆冷却阶段，各设备的设备冷却水进口温度不能超过 43.3 ℃。

2.5.5.4 换料

在进行换料操作时，设冷水系统两个系列运行，为两台乏燃料水池热交换器提供设冷水，以保持池水温度低于 48.9 ℃。在将堆芯燃料全部卸出和池内累积 10 a 的乏燃料情况下，两台乏燃料热交换器和一台 RNS 热交换器均投入运行，将池水温度保持在 48.9 ℃以下。

2.6 厂用水系统(SWS)

2.6.1 系统功能

厂用水系统的功能是向位于汽轮机厂房内的设备冷却水系统热交换器提供冷却用的海水。SWS 系统是非安全系统，但系统为电厂的安全提供纵深防御功能。

2.6.2 系统描述

如图 2-6-1 所示，厂用水系统(SWS)由两台 100%容量的厂用水泵、两台自动反冲洗过滤器及相关的阀门、管道和仪表组成。布置在循环水泵房内的厂用水泵从泵房内的吸水前池中吸水，将已经除去有机物和经过过滤的海水送入设备冷却水系统热交换器中，从而将核岛设备的热量带走；从热交换器流出的厂用水流入虹吸井下游的排水箱涵，最终经排水井排入大海。

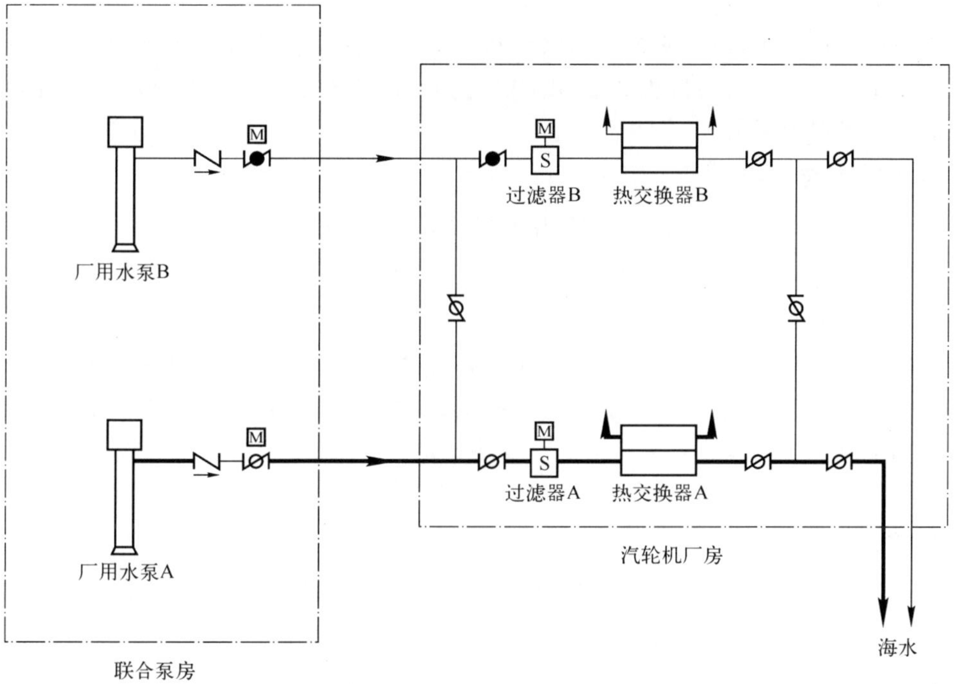

图 2-6-1 厂用水系统流程简图

厂用水系统(SWS)有两个系列，每个系列由一台厂用水泵、一台过滤器及相关的阀门和仪表组成。在正常功率运行期间，每个系列都能提供 100%容量的冷却水。这样在一台厂用水泵退出运行进行维修时，电站仍可以保持正常功率运行。在两个系列的热交换器上游和下游管道之间均设置了连通管，可以使任一系列的厂用水泵向任一系列的热交换器供水，也可以使任一系列的热交换器通过另一系列热交换器的出口管线将加热后的厂用水排出。

2.6.3 主要设备

2.6.3.1 厂用水泵

厂用水泵为立式电动恒速离心泵，由正常交流电源系统供电，在正常交流供电失效的情况下由备用电源供电。

2.6.3.2 厂用水过滤器

自动反冲洗过滤器安装在设备冷却水系统热交换器前，用于除去残留在海水中的泥沙和悬浮物，每个过滤器的处理能力与通过每台热交换器的厂用水流量相匹配。正常运行时每台过滤器以设定的周期或在过滤器两侧压差超过设定值时进行自动反冲洗，过滤器的反冲洗也可以手动启动。

2.6.4 系统运行

2.6.4.1 电厂启动

在电厂启动过程中，通常两台厂用水泵和过滤器均投入运行，为两台设备冷却水热交换器提供厂用水。在电厂启动过程的后期阶段，当一台 CCS 热交换器退出运行时，两台厂用水泵中的一台可退出运行。

2.6.4.2 电厂功率运行

在电厂正常功率运行期间，一台厂用水泵投入运行，为设备冷却水热交换器提供冷却水，另一台厂用水泵作为备用，如果运行中的厂用水泵突然失效，备用厂用水泵可自动启动。

2.6.4.3 电厂停堆

在电厂停堆冷却过程中，当正常余热排出系统(RNS)投入运行时，两台厂用水泵均需投入运行，此时两个系列间的连通阀通常是关闭的。在这种运行模式下，RNS 和 CCS 系统将反应堆冷却剂系统(RCS)的显热及堆芯衰变热带走。如果一台 SWS 泵失效，冷却可继续进行，但冷却时间会延长。

2.6.4.4 电厂换料

在电厂停堆换料期间，SWS 系统的两台厂用水泵均需投入运行，为两台 CCS 热交换器提供冷却水。在燃料组件全部从堆芯移出至乏燃料水池后，可以停运一台厂用水泵。

2.6.4.5 其他情况

在电厂功率运行期间，如果两台 SWS 泵均发生故障，CCS 热交换器冷却功能将立即受到影响。CCS 系统升温将导致反应堆冷却剂泵定子温度高报警，如果 SWS 系统没有及时恢复，则 4 台反应堆冷却剂泵将停止运行，反应堆将保护停堆。在这种情况下，堆芯热量将通过蒸汽发生器或非能动余热排出热交换器排出。

2.7 乏燃料池冷却系统(SFS)

2.7.1 系统功能

(1) 始终保持乏燃料水池的水位高于燃料组件顶部；

(2) 冷却乏燃料水池，导出乏燃料水池中乏燃料组件的衰变热；

(3) 净化乏燃料水池和换料水池，除去水中的腐蚀产物、裂变产物及悬浮物，以保持水体的良好能见度和降低放射性水平；

(4) 根据需要对换料水池、乏燃料水池、燃料转运舱、乏燃料容器装载井、乏燃料容器冲洗井等进行充水和排水；

(5) 在换料时，保持适当的换料水池水位；

(6) 执行安全壳隔离功能；

(7) 在事故工况下乏燃料水池冷却功能不可用时，向乏燃料水池进行补水；

(8) 可以根据需要对 IRWST 进行冷却和净化。

2.7.2　系统描述

乏燃料水池冷却系统是非安全相关系统。如图 2-7-1 所示，系统由 A、B 两列组成，每列有一台泵、一台热交换器、一台离子交换器和一台过滤器。两列共用一个进、出口总管。一列对乏燃料水池进行持续冷却和净化，另一列作为备用或进行水体传输、换料水箱净化等工作。

乏燃料池冷却系统的每列均有一个净化旁路，净化旁路包括一个离子交换器和一个过滤器。旁路管线接在泵的出口管线上，由节流孔板和旁路管线上的节流阀控制净化流量，净化流量约为冷却流量的 20%。

乏燃料水池冷却泵入口管线与乏燃料水池、安全壳内换料水箱、换料水池、燃料转运舱、乏燃料容器装载井、乏燃料容器冲洗井相连，出口管线与乏燃料水池、安全壳内换料水箱、换料水池、燃料转运舱、乏燃料容器装载井、乏燃料容器冲洗井相连。乏燃料水池冷却泵的吸入口也与乏燃料水池表面的两台撇沫器相连接，回水水管延伸到池中燃料组件的上方。

乏燃料水池内充满浓硼水，使乏燃料水池内的燃料组件处于次临界状态。池水的蒸发损失可用除盐水补充，含硼水的补充来自化学和容积控制系统。

当乏燃料水池在事故工况下丧失冷却时，可以通过向乏燃料水池补水来维持乏燃料水池的水装量。在燃料操作区域墙体上设有释放面板，该面板与墙体之间设有熔丝。当乏燃料水池发生沸腾时，燃料操作区域温度升高，使得熔丝熔断，释放面板打开，将燃料操作区域直接与辅助厂房相连，对外释放蒸汽。

乏燃料水池有两个安全相关水源：乏燃料容器冲洗井和非能动安全壳冷却水储存箱。当开启相应的手动隔离阀后，乏燃料容器冲洗井和非能动安全壳冷却水储存箱内的水均可以通过重力向乏池进行补水。

2.7.3　主要设备

乏燃料池冷却系统的部分管道和阀门为抗震Ⅰ类设备，以防止在地震事故下乏燃料水池和其他包含乏燃料的容器大量失水。

2.7.3.1　乏池冷却泵

乏池冷却泵是卧式单级离心泵，由交流电动机驱动。泵轴封采用机械密封，泵的出口和入口为法兰连接。

2.7.3.2　乏池冷却热交换器

乏池冷却热交换器是由奥氏体不锈钢制造的板式热交换器，安装在乏池冷却水泵的下游，由设备冷却水进行冷却。

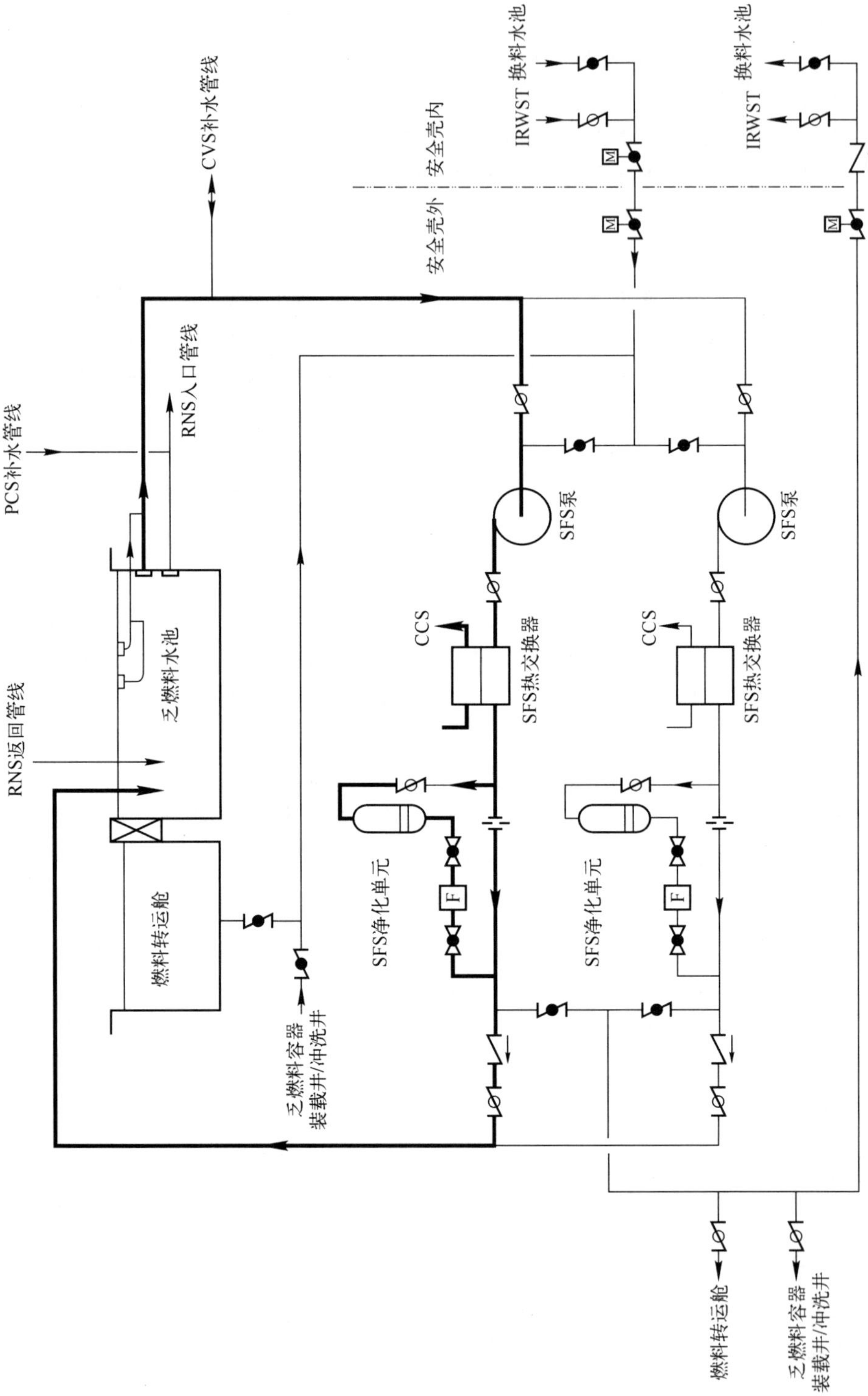

图2-7-1 乏燃料池冷却系统 (SFS)流程图

2.7.3.3 净化除盐床

净化除盐床的功能是除去池水中的腐蚀产物、裂变产物和悬浮物，以使在电厂所有运行模式下，都能够保持池水的清晰度和较低的放射性水平。

系统的两台除盐床均为混床，树脂是氢型阳离子树脂和氢氧型阴离子树脂组成的混合树脂。除盐床在投运前首先要进行硼化，以避免冷却水被稀释。

2.7.3.4 过滤器

过滤器可以过滤掉90%的直径大于5 μm的颗粒，主要是一些杂质和碎树脂。过滤器采用不锈钢制造，滤芯可以进行更换。

2.7.3.5 典型阀门

(1) 安全壳隔离阀

乏燃料池冷却系统有两条贯穿安全壳的管道。一条是从换料水池或IRWST到乏池冷却泵入口母管的供水管道，另外一条是从乏池冷却水泵出口母管到换料水池或IRWST的排水管道。在供水管道上有两个电动隔离阀，一个位于安全壳内，另一个位于安全壳外。在排水管道上安装了一个安全壳外的电动隔离阀和一个安全壳内的逆止阀，这些阀门在正常情况下是关闭的，只有在IRWST或换料水池水体净化和冷却时打开，或者在IRWST和换料水池之间进行水体传输时打开。电动安全壳隔离阀在接到安全壳隔离信号和乏池水位低低信号时自动关闭。

(2) 乏燃料水池连通阀V066

在连接乏燃料水池和燃料转运舱、乏燃料容器冲洗井、乏燃料容器装载井的母管上有一个连通阀V066。正常运行时，这个连通阀手动关闭、挂牌上锁，防止由于地震等原因引起下游管线破裂而导致的乏燃料水池水位意外下降。当需要从CWP向SFP补水时，可以打开此阀门进行补水。

(3) 燃料转运舱连通阀V040

在燃料转运舱的底部管线上有一个连通阀V040。正常运行时，这个连通阀手动关闭、挂牌上锁，用于防止在燃料转运舱和乏燃料水池之间的水闸门打开时由于V040下游管线破裂而导致的乏燃料池水位意外下降。

(4) 换料水池再淹没阀V075

在换料水池下部墙体上有一条管道，上面安装有一个手动隔离阀V075，正常时处于锁开位置，用于在安全壳再淹没事故工况时将安全壳淹没水引入换料水池。在正常换料期间换料水池充水前，将该阀门应置于关闭位置。

(5) 换料水池疏水阀V031

在换料水池到2号蒸汽发生器隔间的管线上有一个换料水池疏水阀V031，该阀门正常时处于锁开位置。阀门的作用是防止在正常运行或事故工况下疏水积存在换料水池中，从而影响非能动堆芯冷却系统执行非能动循环冷却功能。在换料期间换料水池被淹没前，将该阀门置于关闭位置。

2.7.4 系统运行

2.7.4.1 正常运行工况

电厂正常运行期间，乏燃料池冷却系统仅一列在运行，用于冷却和净化乏燃料水池的水体。另一列可以用来执行 SFS 系统的其他功能，如水的输送或者 IRWST 内水的冷却和净化，也可以置于备用状态，在运行列不可用时启动，继续乏池的冷却。当需要更换过滤器或者离子交换树脂时，SFS 冷却、净化功能可由备用 SFS 系列完成。

正常运行期间由于蒸发造成 SFP 水位缓慢下降时，可通过 DWS 向 SFP 添加除盐水进行补充。SFP 池水硼浓度通过从 CVS 系统添加硼酸进行调整。

2.7.4.2 换料运行工况

乏燃料池冷却系统的两个系列在换料期间都处于运行状态。其中一个系列在整个换料运行期间都用于乏燃料水池的冷却和净化，另一系列执行换料期间的其他功能。

在对换料水池进行充水前，需要用备用列对 IRWST 内的水进行净化。充水开始时，IRWST 内的水依靠重力作用充到换料水池，随着充水逐渐进行，IRWST 和换料水池之间的液位差减小，换料水池的充水速率降低，此时，可以通过乏池冷却泵将 IRWST 的水传输到换料水池。与采用 RNS 进行充水不同，采用乏池冷却泵进行充水不需要通过反应堆压力容器来进入换料水池，这样就可以避免换料水池中的水受到进一步的污染，从而保持换料运行期间换料水池水体的清洁度。

在换料水池中注满水后，原来用于水体传输的 SFS 系列可用来冷却和净化换料水池中的水。在换料完成后，利用该列的 SFS 泵将换料水池中的水输回至 IRWST。此项工作完成后，SFS 该列可用于冷却乏燃料水池或者置于备用状态。

2.8 一回路取样系统(PSS)

2.8.1 概述

一回路取样系统用于收集来自反应堆冷却剂系统及相关支持系统的液体样品，或来自安全壳内大气的气体样品，并将其送到化学实验室进行分析。通过取样分析，技术人员可以监测反应堆冷却剂系统及相关支持系统的状态。

2.8.2 系统功能

(1) 安全壳隔离功能

PSS 系统的安全壳隔离阀可以为贯穿安全壳的取样管线执行事故后安全壳隔离功能，以保持安全壳的完整性。

(2) 化学取样功能

正常运行期间，PSS 系统可以收集来自反应堆冷却剂系统及相关支持系统的液体样品，并将其输送到手动取样盘或放射性化学实验室。

正常运行期间，PSS 系统既可以对安全壳内大气进行放射性监测，也可以对安全壳内大气进行手动取样。

2.8.3　系统描述

一回路取样系统主要由手动取样盘(GSP)、取样冷却器(SCR)、喷射增压装置(EWSS)及相关的管道、仪表和阀门组成,其流程简图如图 2-8-1 所示。

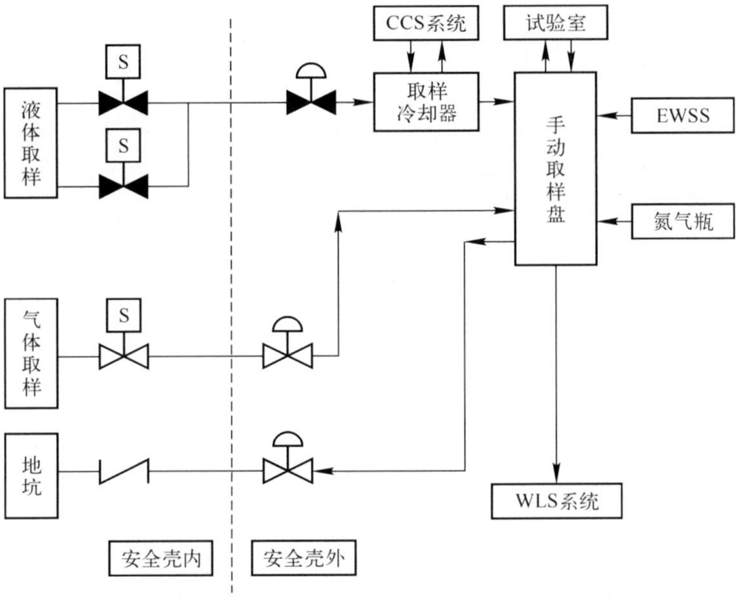

图 2-8-1　PSS 系统流程简图

一回路取样系统在正常运行或事故发生后均可以执行取样功能,在正常运行模式下,PSS 系统的取样点如表 2-8-1 所示。

表 2-8-1　一回路取样系统取样位置(正常运行)

取样位置	取样点数量	测量项目
RCS 系统热段	2	放射性同位素液体,放射性同位素微粒,放射性同位素气体,总比活度,悬浮物,氢,^{131}I,电导率,铁,镍,氚,溶解氧,氯化物,氟化物,硫酸盐,硼,铝,钙,镁,硅,锂,pH,锌,氨
稳压器液相空间	1	氯化物,氟化物,硫酸盐,硼,锂,pH,溶解氧
CVS 除盐床下游	1	氯化物,氟化物,硫酸盐,锂,pH,放射性同位素液体,放射性同位素微粒,气体活度,电导率,铁,镍,锂,锌
PXS 安注箱	2	氯化物,氟化物,硫酸盐,硼,pH
PXS 堆芯补水箱(顶部)	2	氯化物,氟化物,硫酸盐,硼,pH
PXS 堆芯补水箱(底部)	2	氯化物,氟化物,硫酸盐,硼,pH
安全壳地坑(泵出口)	1	总活度,γ 能谱,pH,氯化物,氟化物,硫酸盐,硼
安全壳内大气	1	γ 能谱、氢、氚

在发生事故后，PSS 系统的取样点如表 2-8-2 所示。

表 2-8-2 一回路取样系统取样位置(事故后)

取样位置	取样点数量	测量项目
RCS 系统热段	2	总放射性活度，γ能谱，硼，锂，氯化物，氟化物，硫酸盐，氢，溶解氧，pH
安全壳地坑(泵出口)	1	总放射性活度，γ能谱，硼，氯化物，氟化物，硫酸盐，氢，溶解氧，pH
安全壳内大气	1	γ能谱分析

实验室通过对以上测量参数进行分析，可以执行以下功能：

(1) 监测堆芯反应性；

(2) 监测燃料棒完整性；

(3) 评估离子交换器和过滤器的性能；

(4) 确认对各系统的化学添加；

(5) 维持反应堆冷却剂系统中的氢浓度在允许范围内；

(6) 监测放射性物质泄漏；

(7) 维持安全壳内大气中的氢浓度在允许范围内。

2.8.3.1 液体取样子系统

液体取样子系统用于收集来自反应堆冷却剂系统及相关支持系统的液体样品。液体取样管道采用 0.25 in(6.35 mm)的不锈钢管，较小的管道流通面积限制了取样流量，可以在取样管线破裂时限制取样管线的泄漏流量低于化学和容积控制系统的补水流量。PSS 系统的液体取样部分按照反应堆冷却剂系统的设计条件来设计，在正常运行时一回路系统压力驱动取样流体流向手动取样盘，在事故情况下当一回路系统压力不足或在换料运行状态下时，可通过喷射器来提供取样的动力，喷射器在喷射器补水泵从储存箱里向外输送除盐水时投运。

取样流体首先流经取样冷却器，被设备冷却水冷却到 125 ℉(51.7 ℃)以下，然后流到手动取样盘中。用于取样操作的手动阀门均安装在手动取样盘内，通过取样面板外面的手动操作杆进行手动操作，这种可以减少操作人员在进行阀门操作时所吸收的放射性剂量。

液体取样管线上在安全壳内设置有一段延迟管线，可以提供最少 60 s 的延迟。延迟管线可以使取样液体中的氮-16 元素在离开安全壳之前充分的衰变。

单次取样操作只从一个取样源收集样品，而所有取样源的取样路线是公用的，所以在每次取样前需要用被取样的流体冲洗管线，以去除上次取样留下的残液，冲洗液在正常运行时排到废液处理系统，在发生事故时排到安全壳地坑。

此外，在取样冷却器的下游设置有放射性探测器和温度探测器，分别用来测量取样流体的总放射性活度和流体温度。当取样流体温度高或放射性活度高时安全壳外隔离阀关闭，终止取样操作并向操纵人员发出报警。操作人员可以采取措施消除引起取样流体高温或高放射性活度的原因，之后重新进行取样，也可以手动开启安全壳隔离阀，继续进行取样。

正常情况下，取样流体直接送往实验室通过在线仪表或实验室设备进行分析。在送往实验室的入口处安装有一个针型阀，用来降低取样流体压力，控制取样流量。取样前，通过取样盘建立大约 0.5 gpm（0.11 m^3/h）的稳定流速。从实验室返回的冲洗流直接排到 WLS。

2.8.3.2 气体取样子系统

气体取样子系统用来收集来自安全壳内的气体样品。

与液体取样子系统相似，气体样品也被送到位于辅助厂房内的取样间，同样通过取样面板外面的手动操作杆进行手动操作。由于安全壳内气体压力一般与环境压力相当，压力相对较低，故气体取样子系统需要通过一个氮气喷射器来提供取样气体的驱动力。

气体样品从位于安全壳内操作平台高度的取样点被吸入后送到手动取样盘，但气体取样管线没有直接连接到实验室，故所有被收集的气体样品都必须手动输送到实验室，然后再进行分析。收集气体样品前，管线要用源气体样品冲洗以保证取得具有代表性的样品。在正常和事故后运行时，冲洗气体都返回到安全壳内。

在手动取样盘入口处的气体取样管线上设置有一个放射性探测器，用于测量气体样品的活度。在总放射性活度高时会导致安全壳外隔离阀关闭，终止取样过程，并向操纵人员发出报警。

在事故后必要的时候，可以用氮气对放射性气体样品进行稀释。

2.8.4 主要设备

2.8.4.1 手动取样盘(GSP)

GSP 可以用来收集液体样品和安全壳大气气体样品。

由于在发生 LOCA 事故后 GSP 内的取样管线周围为潜在的高放射性区域，故 GSP 采用密闭设计，从而为取样时 GSP 前的操作人员提供了一个辐射防护屏障。放射性屏障由两个厚度为 0.5 in(1.27 cm)的碳钢钢板组成，两层钢板之间有 7 in(17.78 cm)的间隙。在电厂安装完成之后，间隙内将填充铅块，以提高屏蔽性能。所有阀门的操作均在辐射防护屏障完成，以减少操纵人员的辐射剂量。在辐射防护屏障后面，GSP 被分成两个腔室。上腔室是一个密闭气腔，泄漏气体通过气腔排出，下腔室是一个水槽，可以用来收集泄漏的液体。泄漏的液体经过水槽后，被收集到一个废液储存罐里。废液储存罐的液位开关可以控制一台电动泵的启停。在废液储存罐液位低时，泵自动停运；在废液储存罐液位高时，泵自动启动，将废液自动排放到 WLS 系统；在废液储存罐液位高-高时，将自动隔离取样流体进入 GSP 内。

在 GSP 上腔室内设置有一个喷淋喷嘴，用来在部件故障而导致流体泄漏时进行喷淋。另外，在上腔室后面还设置有一个软管连接的手动喷淋管嘴。

2.8.4.2 取样冷却器(SCR)

取样冷却器用于将样品冷却到 125 ℉（51.7 ℃）以下。取样冷却器是一个开放式结构，便于维修，其位置设置在 LOCA 后不能接近的地方，因而并不需要整体的辐射防护。取样冷却器是管壳式结构，可以在不破坏冷却器管侧结构的情况下拆除冷却器壳体，以便进行维修操作。

2.8.4.3 喷射增压装置(EWSS)

喷射增压装置用于在电厂停堆时或 LOCA 事故后为流体样品提供驱动力。

喷射增压装置用碳钢材料制作，它由一个容积为 40 加仑(0.15 m^3)的储存箱、一台电动泵及相关的管道、阀门组成。

复习思考题

1. AP1000 有哪几种运行模式，每种运行模式下对反应性、一回路平均温度、功率有什么要求？

2. 请简要介绍 AP1000 自动泄压系统的组成。

3. 与常规的压水堆核电厂相比，AP1000 的化学和容积控制系统有哪些主要特点？

4. 请简要描述设备冷却水系统(CCS)的功能。

5. 请列举出乏燃料水池所有的水源及其用途。

第三章　专设安全设施

专设安全设施包括非能动堆芯冷却系统、非能动安全壳冷却系统(PCS)、主控室应急可居留系统、安全壳系统、安全壳氢气控制系统。这些系统的主要功能是在发生设计基准事故时，确保反应堆安全停堆，为反应堆提供冷源以排出堆芯余热，实现安全壳隔离并确保安全壳的完整性。设计基准事故包括反应堆冷却剂管道破裂、蒸汽发生器传热管破裂等。

3.1　非能动堆芯冷却系统(PXS)

3.1.1　概述

非能动堆芯冷却系统在事故情况下对堆芯实施冷却，使燃料包壳仍能保持完整性，从而保护公众的健康和安全。在设计上，非能动堆芯冷却系统的运行无需泵、风机和交流电源等能动设备，只依靠重力注射和压缩气体膨胀等非能动设备和工艺。

3.1.2　系统功能

3.1.2.1　安全相关功能

(1) RCS应急补水和硼化

在电厂瞬态或来自CVS向RCS的正常补水不可用或不足的事故条件下，PXS向堆芯提供应急补水，以导出堆芯热量。

此外，PXS还向堆芯提供应急硼化，引入负反应性，以保证一定的停堆裕度。

(2) 安注

在任何LOCA事故下(包括RCS最严重的主回路管线双端断裂)，PXS为RCS提供安全注入以确保足够的堆芯冷却，缓解LOCA事故后的瞬态效应，并提供冷却手段使反应堆长期处于安全停堆状态。

(3) 应急堆芯余热导出

在瞬态、事故或正常余热导出丧失期间，PXS提供应急堆芯余热导出手段，避免堆芯过热损坏。在蒸汽发生器传热管破损事故(SGTR)期间，PXS可以导出足够的热量自动终止冷却剂向二次侧的泄漏。对于非LOCA事故，PXS可以将RCS冷却到安全停堆状态。

(4) 事故后安全壳内pH控制

在事故后，PXS向淹没安全壳的水中添加化学药品，以使高放射性核素滞留在安全壳内，减少放射性物质外泄，并在事故后安全壳长期淹没时，防止安全壳内安全相关设备的腐蚀。

3.1.2.2　其他功能

(1) 在严重事故下，PXS可以将压力容器外表面淹没，使损坏的堆芯滞留在压力容器内。

(2) 在发生 ATWS(未紧急停堆的预期瞬态)事故时,PXS 提供充分的堆芯冷却能力,并注入足量的硼酸使反应堆停堆。

(3) RCS 冷却

利用非能动余热排出热交换器,PXS 可以将 RCS 冷却到允许投入 RNS 的温度。

(4) 换料水池充水功能

在换料前,由 IRWST 向换料水池充水,以完成换料操作。

3.1.3 系统描述

PXS 是抗震Ⅰ类、安全相关系统,包括两个堆芯补水箱(CMT),两个安注箱(ACC),一个安全壳内换料水箱(IRWST),一个非能动余热排出热交换器(PRHR HX),2 个 RCS 降压喷嘴,4 个 pH 调节篮以及相应的管道、阀门、仪表等。

3.1.3.1 非能动堆芯余热排出子系统

非能动堆芯余热排出子系统是非能动堆芯冷却系统的组成部分之一,用于在非 LOCA 事故下导出堆芯衰变热。系统主要设备包括非能动余热排出热交换器、相应的管道、阀门和仪表,如图 3-1-1 所示。PRHR HX 布置在 IRWST 内,以水箱内的水作为冷却介质。

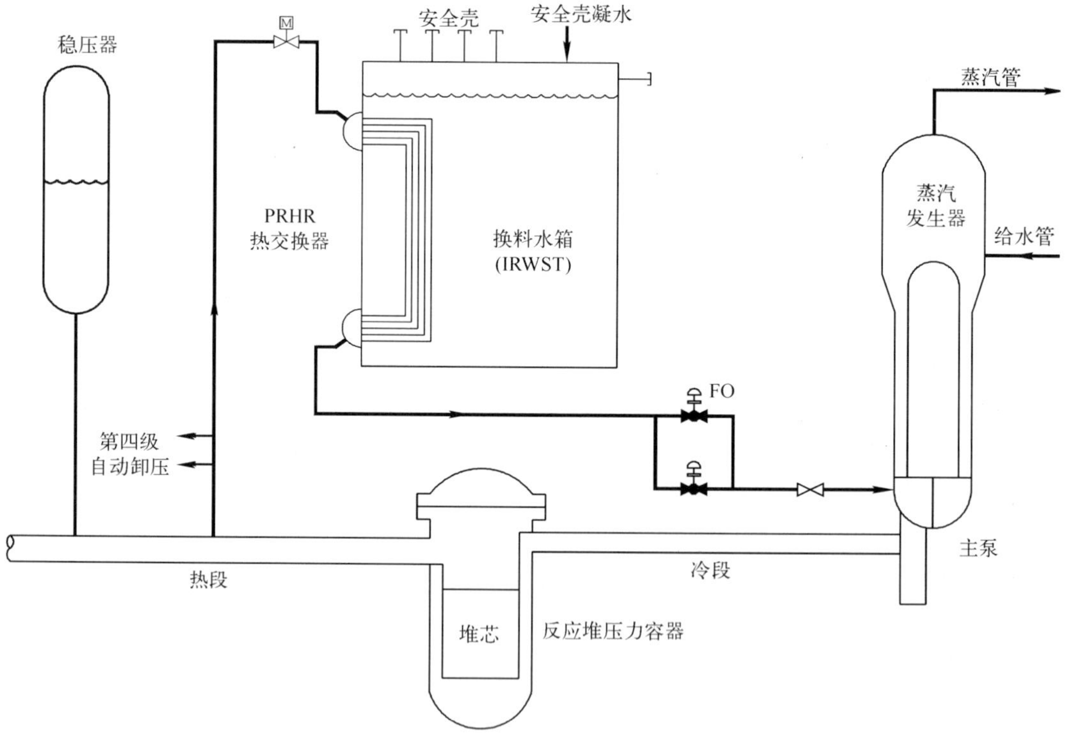

图 3-1-1 应急堆芯余热排出子系统

IRWST 的位置高于反应堆,这样有利于自然循环的建立。PRHR HX 入口管线通过一个常开的电动阀与 RCS1 环路热段相连。出口管线经两个并联的常关气动阀与蒸汽发生器冷段腔室相连接。反应堆正常运行时,热交换器中的压力与 RCS 冷却剂压力相同,这样可以防止在热交换器启动时发生水锤现象。当产生触发信号时，出口管路上的两个气动阀自动打开，一回路冷却剂在通过 PRHR 热交换器将热量传递给 IRWST 中的水。冷却剂的流动方向与主泵产生的强制流方向相同，主泵脱扣前，主泵能为 PRHR 热交换器提供强制流，在主泵停运后，PRHR HX 继续以自然循环方式将堆芯衰变热传递到 IRWST。

PRHR HX 投入运行两小时后，IRWST 内的水预计将达到饱和温度，产生的蒸汽将进入安全壳内，使壳内压力升高，当壳内压力达到高-2 时将触发非能动安全壳冷却系统动作对安全壳外表面进行冷却，IRWST 内产生的蒸汽在安全壳内壁凝结，凝结水沿安全壳内壁向下流，由安全壳内操作平台处的安全级集水槽收集后引回换料水箱，使之继续作为热交换器的冷却介质。电厂正常运行时，集水槽中收集的水排向地坑，当 PRHR HX 投入运行时，集水槽疏水管上的安全级隔离阀自动关闭，满溢的凝结水将返回换料水箱。通过非能动安全壳冷却系统喷洒的冷却水和安全壳外空气的自然对流冷却，反应堆衰变热排入最终热阱——大气。

在丧失主给水或者主给水管线破裂事件期间，PRHR HX 与蒸汽发生器一起为反应堆冷却剂系统提供冷却并防止稳压器安全阀开启。PRHR HX 的设计容量足以带出堆芯衰变热，无论主泵是否运行，非能动余热排出系统有能力在 36 h 内将 RCS 的温度降至 215 ℃，使系统可以进入安全停堆状态。

3.1.3.2　安注子系统

安注子系统由两个堆芯补水箱，两个安注箱，一个安全壳内换料水箱和相应的管道、阀门、仪表等组成，系统流程简图如图 3-1-2 所示。

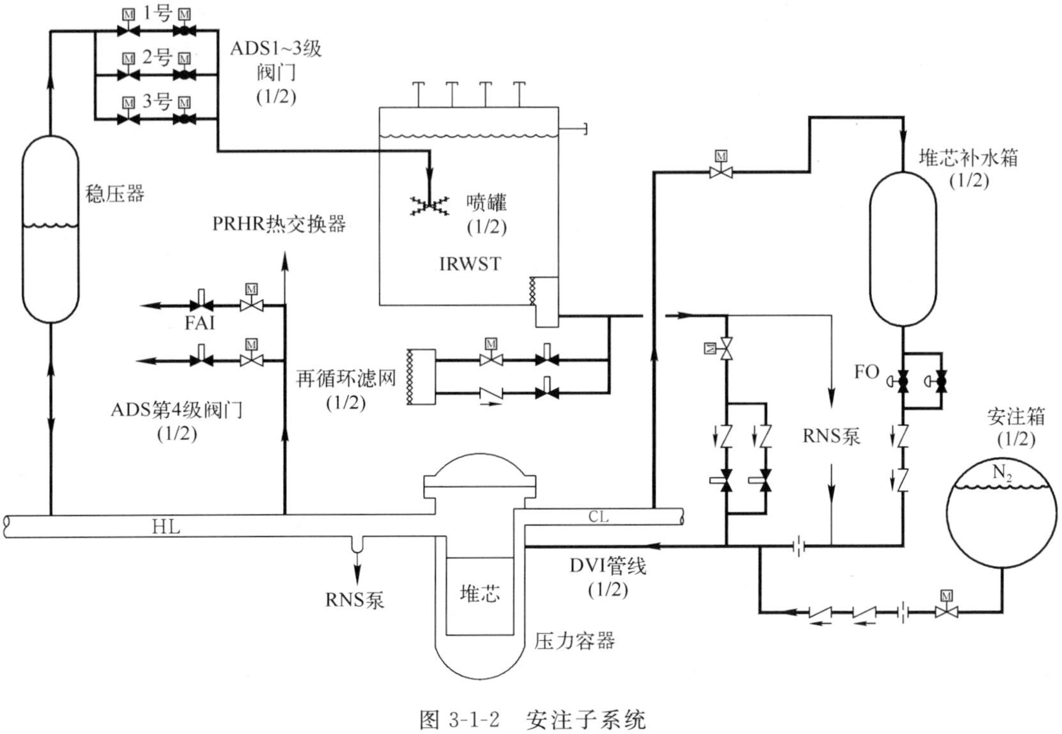

图 3-1-2　安注子系统

安注子系统有 4 种非能动注射水源，每种水源均设置两个冗余的注射系列。

(1) 两个堆芯补水箱

两个堆芯补水箱可以在较长时间内提供较大的注射流。堆芯补水箱位于安全壳内，其位置稍高于反应堆冷却剂泵，箱内充满 3 500 ppm 的低温浓硼水。在主蒸汽管道破裂事故下，该水箱内的浓硼水能提供足够的停堆裕度。两个 CMT 的入口压力平衡管与 RCS 的冷段连接，平衡管上装有一个常开的电动阀使 CMT 内的压力与 RCS 压力一致，以避免 CMT 动作时发生水锤现象。每台 CMT 出口注射管上均安装了两个并联的常关气动隔离阀和两个串联的逆止阀，出口管经压力容器直接注入管线与反应堆压力容器相接。CMT 的注射分两个过程：若 RCS 冷段处于满水状态，则以水循环方式注射，由 CMT 压力平衡管线上的高温冷却剂和 CMT 内的冷水之间的密度差提供驱动力；若 RCS 水装量减少至冷段出现汽腔，则以蒸汽补偿方式注射，此时由冷段蒸汽和 CMT 中水的密度差提供驱动力。

(2) 两个安注箱

两个安注箱可以在数分钟内提供非常大的注射流。安注箱内充有 2 700 ppm 的浓硼水，箱体上部由氮气加压，以实现快速注射。出口管上装有一个常开的电动隔离和两个串联的止回阀，出口管与反应堆压力容器的直接注射管相接。

(3) 1 个 IRWST

IRWST 可以提供很长时间较小的注射流。IRWST 的位置略高于 RCS 的主管道，在其注射出口装有滤网。每个系列的注射管上各有一个常开的电动阀，两个并联的止回阀和两个并联的爆破阀。只有 RCS 完全卸压后才能实现换料水箱的重力注射。

(4) 3 个水源完成注射后

当 3 个水源完成注射后，受淹的安全壳成为长期水源，以自然循环方式为堆芯提供长期再循环冷却。每个系列的安全壳再循环管线分为两路，一路装有一个电动阀和一个爆破阀，另一路为一个止回阀和一个爆破阀。当换料水箱的液位达到低 3 液位时，爆破阀和电动阀自动打开，安全壳再循环地坑内的水经再循环滤网进入反应堆。

3.1.3.3 安全壳内 pH 控制子系统

安全壳内 pH 控制子系统包括 4 个 pH 调节篮，其布置高度低于事故后最低淹没水位，当淹没水位达到调节篮高度时，即形成非能动的化学物质添加。调节篮中装有颗粒状的磷酸三钠(TSP)，其位置高于地面约 1 ft(30 cm)，以避免正常运行时安全壳内可能产生的地面水溶解 TSP。

pH 控制子系统可以将安全壳再循环水的 pH 控制在 7.0～9.5 范围内，控制 pH 的目的是为了减少由于水的辐照分解而导致有机碘的产生，以减少安全壳内的气载放射性碘和厂外剂量，同时也减少了在设计基准事故下安全壳内不锈钢部件发生应力腐蚀断裂的可能性。

3.1.3.4 阀门泄漏试验子系统

在换料检修工况时，通过阀门泄漏试验屏可以对一回路压力边界范围内的隔离阀进行泄漏试验。设置了试验接头的阀门有：

(1) 4 个安注箱逆止阀；

(2) 8 个 RNS 阀门：与 RCS 热段连接的 RNS 入口管线上的 4 个电动阀；与压力容器直

接注入管线连接的 RNS 出口管线上的 2 个逆止阀和 2 个切断式止回阀。

3.1.4　设备描述

3.1.4.1　非能动余热排出热交换器

非能动余热排出热交换器由入口封头、出口封头及与其相连接的 C 型立式传热管组成，如图所示。传热管置于 IRWST 内，顶部低于 IRWST 水面几英尺。非能动余热排出系统为安全 A 级、抗震 I 类设备。

PRHR HX 置于 IRWST 内，由一个固定在 IRWST 上的框架支撑，框架的上部及下部分别与 IRWST 的上部及下部相连，支撑为抗震 I 类设备。入口封头与传热管管板通过一个外伸法兰固定在 IRWST 墙壁上，出口封头位于入口封头的垂直下方，靠近 IRWST 底部，其结构与入口封头相同。两个封头管板的结构与蒸汽发生器管板类似，并且设有用于检查和维修的人孔。

3.1.4.2　堆芯补水箱

非能动堆芯冷却系统有两个堆芯补水箱，每个补水箱的容积为 70.8 m^3，内装浓度约为 3 500 ppm 的浓硼水，设计压力 17.1 MPa(表压力)。堆芯补水箱为立式圆柱形箱体，箱体的顶部和底部均为半球形封头，箱体材料为碳钢并内衬不锈钢。堆芯补水箱为安全 A 级设备，符合抗震 I 类要求。

堆芯补水箱位于压力容器直接注入管线的上方，其标高接近冷却剂系统热段底部。为了便于维护和检查，堆芯补水箱安装在安全壳内的二次屏蔽墙外侧。

每个 CMT 都设有一个入口扩散器，用来降低进入补水箱的蒸汽流速，从而减少水锤的产生并减少 CMT 投运初始阶段的搅混量。

堆芯补水箱暴露于安全壳中，无隔热层或加热装置，因此补水箱中的硼水温度与安全壳环境温度大致相同。

CMT 设有两个取样接管，用于定期对堆芯补水箱的水取样，检查硼浓度。这两个取样接管一个位于上封头，靠近入口管线；另一个位于下封头，靠近出口管线。上部取样接管是常开的，下部取样接管是常闭的，因为泄漏只能从上封头进入，所以上部取样接头样品测量值可代表箱内最低的硼浓度。下取样接头用于在不易确定箱内硼浓度时进行测量。

3.1.4.3　安注箱

非能动堆芯冷却系统有两个安注箱，每个安注箱的容积为 56.6 m^3，内装浓度约为 2 700 ppm的浓硼水，水箱上部空间充氮气进行加压。安注箱为球形箱体，材料为碳钢并内衬不锈钢。安注箱属于安全 C 级设备，符合抗震 I 类要求。

安注箱位于安全壳内部，堆芯补水箱的下层楼板上，运行时暴露于安全壳中，内部的硼水温度大约与安全壳环境温度相同。

在正常运行时，可以根据要求调节安注箱中的硼浓度和水位。安注箱水位调节是依靠疏水至 IRWST 或从化学和容积控制系统补水来实现的。技术规格书要求定期对安注箱的水取样，检查其硼浓度。

安注箱的压力靠电厂气体系统来维持，但正常运行时安注箱和电厂气体系统的氮气源是隔离的。另外，安注箱设有氮气卸压阀以防止超压。

3.1.4.4 安全壳内换料水箱

IRWST 是位于安全壳操作平台下面的一个内衬不锈钢的大水箱，属于安全壳内部结构的一部分。在靠近安全壳壁一侧为钢质外壁，另外一侧是钢筋混凝土墙。IRWST 为安全 C 级、抗震 Ⅰ 类设备。

IRWST 的底部高于 RCS 回路的高度，因此在 RCS 充分降压后，水箱内部的含硼水能够靠重力注入 RCS。IRWST 通过两条直接注入管线与 RCS 相连。IRWST 内的含硼水处于与安全壳内环境相同的温度与压力下。

IRWST 顶部设有排气装置，正常运行时关闭，以防止箱内的水汽进入安全壳大气及操作平台上的碎片进入 IRWST。当 IRWST 因 PRHR 热交换器投入运行或自动卸压系统的阀门动作等原因而超压时，排气装置自动开启，使水箱降压。在 IRWST 与换料水池之间设有溢流通道，此通道可以在换料水箱满溢时将水排向换料水池，以降低某些情况下安全壳内水淹的程度。溢流阀在正常运行时是关闭的，在一个小的差压下开启。

在操作平台的高度设有 1 个集水槽以便在事故工况下收集 PXS 系统的冷凝水并使冷凝水返回换料水箱。在正常运行时收集的冷凝水排向安全壳地坑。

3.1.4.5 一回路降压喷嘴

在换料水箱内装有两个浸没在水中的喷嘴，这两个喷嘴与自动卸压系统的两路排放管相连，其功能是将自动卸压系统排放的蒸汽弥散于水中，以实现 RCS 的快速降压，喷嘴为立式结构，有 4 个向下倾斜的臂状支管，每个支管上开有 350 个直径为 12.7 mm 的小孔。喷嘴是安全 C 级、抗震 Ⅰ 类设备。

3.1.4.6 IRWST 滤网

在换料水箱内对应于每条重力注射管线均设有 1 个独立的滤网，滤网的位置低于安全壳再循环淹没水位，以确保再循环阶段 PXS 冷凝水中的颗粒状杂质不会随之进入 RCS。若杂质进入 RCS，则有可能阻塞燃料组件之间的流道，阻碍堆芯传热。换料水箱滤网是安全 C 级抗震 Ⅰ 类设备。

3.1.4.7 安全壳再循环滤网

每条安全壳再循环管线对应 1 个安全壳再循环滤网，安全壳再循环滤网是安全 C 级、抗震 Ⅰ 类设备。

3.1.5 系统运行

3.1.5.1 正常运行

（1）正常功率运行

电厂正常运行期间，PXS 处于备用状态。两个 CMT 充满了低温含硼水并维持在 RCS 压力下。CMT 底部注射管线上的两个并联气动隔离阀（AOV）保持关闭状态，而连接到 RCS 冷段的压力平衡管线的隔离阀在正常情况下保持开启。压力平衡管线里充满高温冷却剂，这样有易于自然循环的建立，从而在 CMT 启动时将硼水顺利注入 RCS。在压力平衡管线的最高处设有排气管线并可连续监测不凝气体，当有气体聚集时，操纵员可通过排气管线手动排气。

PRHR HX的入口管线与主管道热段的上部相连，在正常运行时入口管线上的隔离阀保持常开。入口管线的布置可以保证热交换器管侧在主回路压力下充满冷却剂并保持与IRWST相同的水温，这样可以确保运行时自然循环压头的建立和保持。PRHR HX的出口管线与SG底封头相连，并由两个并联的常关气动隔离阀与冷却剂进行隔离。在入口管线的最高处设有排气管线并可连续监测不凝气体，当有气体聚集时，操纵员可通过排气管线手动排气。

两个安注箱在正常运行时大约有85%体积的浓硼水，氮气压力维持在700 psig(4.82 MPa(表压力))左右。安注箱注入管线上的电动隔离阀正常时保持开启。

IRWST在正常运行时充满硼水，水箱顶部的气空间和安全壳大气互不相通。IRWST到RCS的重力注入管线上的电动隔离阀保持常开，且阀门电源断开。

(2) 电厂停运

在电厂停运过程中或停堆期间，只要启动给水能够维持正常余热导出且CVS可以维持RCS系统水装量，则PXS不会触发。

电厂停运期间，RCS的压力及温度逐渐降低，PXS维持热备用以确保堆芯冷却能力。随着RCS压力和温度的进一步降低，需要对PXS的一些功能进行隔离，以防止其影响正常停运，同时也可以对PXS进行维护。在停堆期间为防止当RCS压力降低或水装量减少(半管运行)时，出现潜在的PXS误注入，需要执行以下操作：

1) 当RCS压力降低到1 000 psig(6.89 MPa(表压力))时，关闭安注箱注入管线上的隔离阀，防止RCS压力低于安注箱压力时，安注箱误注入。

2) 在RCS卸压后，进行稳压器和RCS排水前，关闭CMT入口管线上的电动隔离阀。

在电厂从冷态启动时，PXS能对RCS压力边界上的一些隔离阀进行泄漏测试，这些阀门包括安注箱的止回阀、RNS入口和出口管线上的隔离阀。当RNS正在运行，RCS压力高于300 psig(2.07 MPa(表压力))时可以使用PXS泄漏测试面板提供的连接进行泄漏试验，以确定这些阀门的密封性。

3.1.5.2 事故运行

导致非能动堆芯冷却系统驱动的事件分类如下：

(1) 二次侧导热增加

1) 蒸汽发生器大气释放阀或安全阀意外打开；

2) 蒸汽管道失效。

(2) 二次侧导热减少

1) 主给水流量丧失；

2) 给水系统管道失效。

(3) 反应堆冷却剂系统装量减少

1) 蒸汽发生器传热管破裂(SGTR)；

2) 反应堆冷却剂管道断裂；

3) 控制棒束意外弹出，控制棒驱动机构压力包壳破裂造成冷却剂丧失(该事件包络在反应堆冷却剂系统管道失效事故中)；

4) PRHR HX传热管破裂。

(4) 停堆工况事故二次侧导热减少

1) 启动给水丧失;

2) 反应堆冷却剂系统压力边界完整时正常余热排出系统丧失;

3) 在半管运行期间正常余热排出系统丧失;

4) 在换料水池充水时失去正常余热排出系统。

3.1.6 仪表和控制

3.1.6.1 主要仪表

(1) 堆芯补水箱上部窄量程水位

每个堆芯补水箱设有4个上部窄量程水位计,它用于控制ADS第1、2、3级阀门动作。

(2) 堆芯补水箱下部窄量程水位计

每个堆芯补水箱设有4个下部窄量程水位计,用于控制ADS第4级阀门的动作。

(3) IRWST宽量程水位

IRWST设有4个水位计,用于在事故后开启安全壳再循环阀。

3.1.6.2 技术参数

技术参数见表3-1-1。

表3-1-1 技术参数

堆芯补水箱	
数量	2
容积/m^3	70.8
硼浓度/ppm	3 500
设计表压力/MPa	17.1
设计温度/℃	343
安注箱	
数量	2
容积/m^3	56.6
水容积/m^3	48.1
氮气容积/m^3	8.5
氮气表压力/MPa	4.8
硼浓度/ppm	2 700
设计表压力/MPa	5.5
设计温度/℃	148
安全壳内换料水箱	
数量	1
容积/m^3	2 132
硼浓度/ppm	2 700

续表

安全壳内换料水箱	
设计表压力/MPa	0.03
设计温度/℃	65.6
非能动余热排出热交换器	
数量	1
传热面积/m^2	476
传热管数量	689
设计表压力/MPa	17.1
设计温度/℃	343
pH 调节篮	
数量	4
调节篮容积/m^3	19.5
药剂容积/m^3	15.9

3.2 非能动安全壳冷却系统(PCS)

3.2.1 系统功能

3.2.1.1 安全相关功能

(1) 安全壳内热量导出

在 LOCA 事故或安全壳内主蒸汽管道破裂事故下导出安全壳内的热量,使安全壳内的温度和压力不超过设计值。

在非 LOCA 事故下非能动余热排出系统长时间运行而使换料水箱内的水被加热蒸发时,本系统履行安全相关的热量导出和热阱功能。

事故后,PCS 系统导出安全壳内的热量,减小安全壳内外的压差,降低裂变产物向安全壳外泄漏的驱动力,从而限制安全壳内放射性裂变产物向环境的释放。

(2) 补充乏燃料水池水装量

当乏燃料水池失去冷却时,乏池中的水可能蒸发而导致乏池中的水装量下降。PCCWST和 PCCAWST 在必要时可向乏燃料水池补水,防止乏燃料组件裸露。

3.2.1.2 其他功能

PCS 的安全壳冷却水箱可以作为安全壳或辅助厂房内安全相关区域的抗震级消防水源。

3.2.2 系统描述

PCS 采用钢制安全壳壳体作为传热面,钢制壳体的外表面由 PCS 冷却流体(水和空气)通过对流、热传导、热辐射及质量传递(水蒸发)等热传输机理进行冷却。安全壳内的蒸汽在安全壳内表面冷凝后流回安全壳内换料水箱。如图 3-2-1 所示,外部环境的空气从屏蔽厂房侧面的空气入口吸入,沿着空气导流板与屏蔽厂房之间的环形空间向下流动,然后转向沿安全壳壳体的外表面向上流动,最后通过屏蔽厂房顶部中央的空气出口排出到外部环境。与屏蔽厂房结构形成一体的 PCS 冷却水储存箱借助重力将水均匀地分配到安全壳外表面,对安全壳进行冷却,蒸发的水随加热的空气一同从空气出口排出,未蒸发的水流入安全壳环形空间并通过安全相关的地面疏水槽排出。

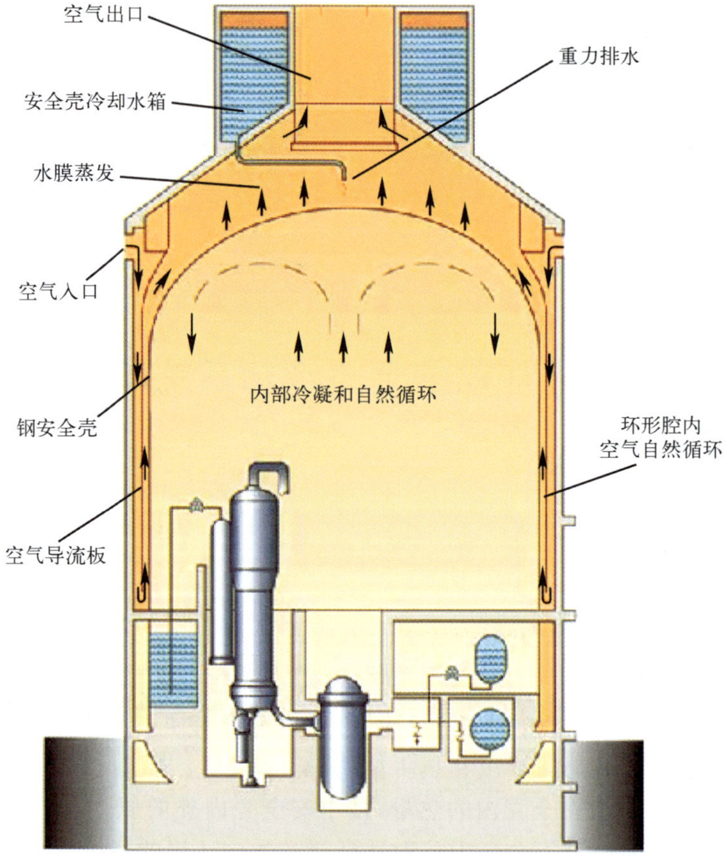

图 3-2-1 非能动安全壳冷却系统

3.2.2.1 安全壳热量导出

当出现安全壳压力高 2 信号后,PMS 触发 PCS 自动投入。此外,操纵员也可以在主控室或远方停堆站通过 PMS 手动触发 PCS。PCS 也可以通过 DAS 自动或手动触发。

在 PCS 触发后,供水管线上 3 个并联的常闭隔离阀将自动开启,冷却水从储存箱内流向安全壳穹顶的外表面,并形成一层水膜。供水管线上 3 个并联隔离阀中有两个为失效开启的气动阀,另一个为电动阀。每个隔离阀的上游均设有一个常开的电动阀,用于在下游隔离阀误开时隔离冷却水,如图 3-2-2 所示。

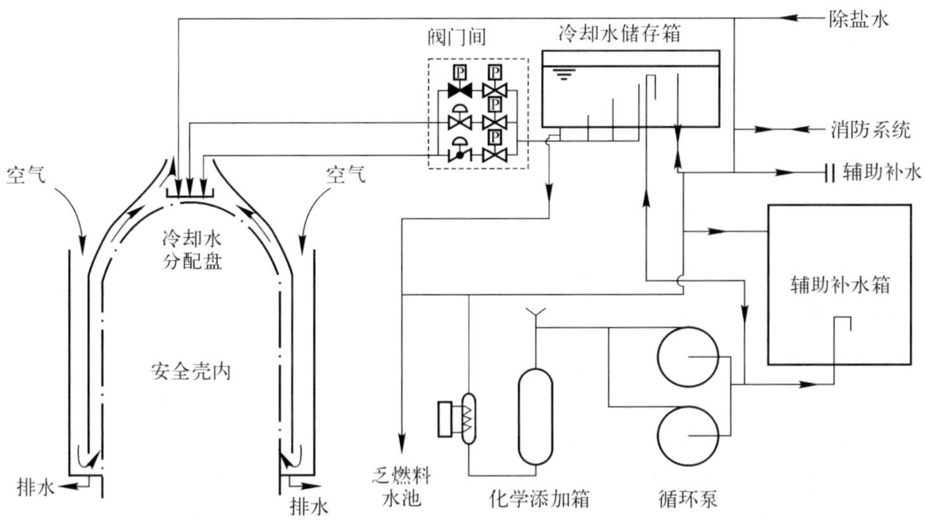

图 3-2-2　非能动安全壳冷却系统

(1) 冷却流量与补水

为了满足 LOCA 事故或主蒸汽管道断裂事故后安全壳的迅速冷却要求，事故最初的冷却水流量约为 112.3 m^3/h。随着事故的发展，蒸汽发生器或一回路释放到安全壳内的能量逐渐减少，PCCWST 的液位也逐渐降低，水箱内 4 个不同高度的出水管使冷却水流量自动减小。冷却水流量的变化与非能动安全系统的设计相符，不需要投入能动部件。冷却水同时经过 4 个出水管时，冷却流量为 112.3 m^3/h，当水位下降到低于最高的出水管时，冷却水流量下降到 56.1 m^3/h，当水位下降到低于第二个出水管时，冷却水流量下降到 43.3 m^3/h，当水位下降到低于第三个出水管时，冷却水流量下降到 35.7 m^3/h。此时，操纵员需通过循环泵将 PCCAWST 中的水输送到 PCCWST，维持约 22.7 m^3/h 的冷却水流量。辅助储存箱和循环泵能够在事故 72 h 后以 22.7 m^3/h 的流量为安全壳提供 4 d 的补水。

此外，除盐水储存和分配系统(DWS)和消防系统(FPS)也可以向 PCCWST 补水。除盐水或消防水也可以旁通 PCCWST，直接向安全壳顶部的冷却水分配盘供水。厂外水源可以通过一个盲板接头在事故发生 72 h 之后提供安全相关的安全壳冷却水源。

(2) 冷却水分配

冷却水分配装置用于保证安全壳表面能充分均匀地覆盖一层水膜。冷却水储存箱中的冷却水通过两条并联管线进入一个悬挂在安全壳穹顶上部的冷却水分配盘。分配盘侧壁沿圆周有 16 个均匀分布的导流槽，将水分成 16 股均匀的水流。

为了保证冷却水水流不会受钢制安全壳壳体的影响，使冷却水能均匀覆盖安全壳，系统在钢安全壳上设置了两级冷却水分配围堰及分配槽。第一级冷却水分配围堰位于穹顶第一道环形焊缝的下方，它收集每个扇形区域内的水流并汇流到分配盒内。分配盒使冷却水在安全壳表面重新形成均匀分布的水膜。第二级冷却水分配围堰位于穹顶第二道环形焊缝的下方，对水流进行再次收集并将水流均匀分配到安全壳表面。在第二级冷却水分配围堰之后，由于安全壳穹顶已有足够的坡度，因此不再需要对水流进行分配，见图 3-2-3。

（3）气流循环流程

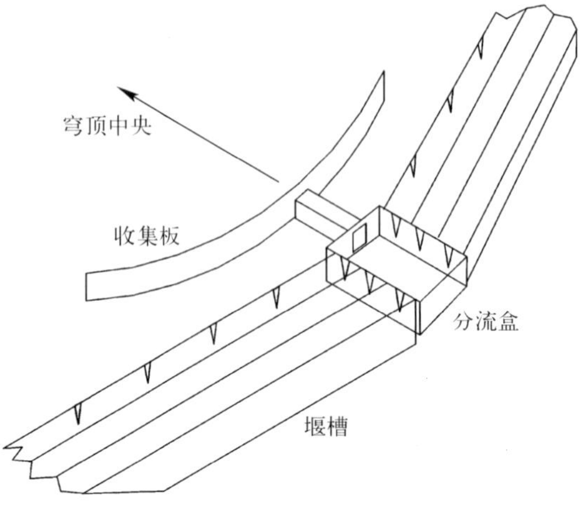

图 3-2-3　冷却水分配围堰示意图

事故发生后，在安全壳和屏蔽厂房之间的空气流道中会形成一个自然循环驱动力，使空气沿着安全壳壳体外表面向上流动，促进安全壳壳体表面的水分蒸发，降低安全壳的压力；如果由于一些原因导致安全壳冷却水箱没有得到厂内或厂外水源的补水，也能够利用空气流动对安全壳进行无限期的冷却。空气流道包括设置滤网防护结构的空气吸入口和空气导流板，空气导流板将安全壳外表面与屏蔽厂房内表面之间的空间分隔为两个环形区域，空气导流板外侧环形区域内的空气向下流动，而内侧环形区域内的空气沿着安全壳壳体向上流动。空气从一个高位排放烟囱排出，该烟囱位于安全壳屏蔽厂房的上部。空气出口位于安全壳中心，既可以增加空气上浮的驱动力，也可以防止被加热过的热空气重新进入屏蔽厂房的空气入口，保证在任何外部风向的情况下都不会影响空气的自然循环流动。

在设计基准事故中，释放到安全壳内的蒸汽中的热量通过传导、对流、热辐射、蒸汽冷凝传输到安全壳外。在钢质安全壳壳体内通过传导进行传热，在水膜中通过蒸发和对流进行传热，在壳体干燥部分和水膜、空气之间通过辐射进行传热。由于空气在流通过程中吸热或水分蒸发成水蒸气，空气通道下部的气体密度比入口处要低。这个密度差形成空气自然循环的驱动力，驱动空气经过导流板后向上流动，并最终经屏蔽厂房上部中心空气出口流出。

空气入口和空气出口的设计都能够防止冰雪堆积或外界的其他物体堵塞空气流道。在设计中采用热跟踪系统以防止冰雪堆积，采用滤网以防止碎片或鸟巢堵塞空气流道。

（4）阀门间温度控制

PCS 所有的远程控制阀、仪表根阀、疏水阀均设置在冷却水储存箱下方的一个阀门间内。该房间的温度通过核岛非放射性通风系统（VBS）的加热器保持在 10 ℃以上，以防止 PCS 输水管道结冰。阀门间内设有温度探测器，当房间温度低于设定值时就会在主控室发出报警。当正常的加热模式不可用时，阀门间的热容量可以保证有充分的时间投入房间的辅助加热装置。

3.2.2.2　冷却水储存箱循环管线

PCS 设有一条循环管线以控制冷却水储存箱的化学性质并防止水箱内的水结冰。这条管线包括一个循环泵，一个化学添加箱和一个电加热器。泵、电加热器和化学添加箱作为一个模块，设置在辅助厂房内。冷却水储存箱内的水通过位于箱底部的出口管线将水输送到循环泵入口，经循环泵加压返回到冷却水储存箱底部接管。化学添加箱可向系统添加 50 ppm的过氧化氢作为除藻剂，防止藻类生长。

3.2.2.3　冷却水储存箱供水

DWS、FPS 或辅助储水箱均可向冷却水储存箱进行补水。在 PCS 投运期间，补水可以进入冷却水储存箱或直接进入安全壳穹顶的分配盘。辅助储水箱作为厂内水源可以增加4 d的安全壳冷却水量。在事故7 d后，辅助储水箱水量用尽时，根据需要操纵员可手动投入FPS或DWS为系统补水。此外，厂内水源或厂外水源可通过一个安全相关的盲板接头向安全壳提供冷却水。

3.2.3　设备描述

3.2.3.1　冷却水储存箱(PCCWST)

PCCWST位于安全壳壳体顶部，与屏蔽厂房形成一个整体，储存箱内充满除盐水，箱内与水接触的部分设有不锈钢衬板。

水箱设有冗余的液位测量通道和报警装置用于水箱液位的监测，冗余的温度测量通道用于温度监测和低温报警，避免结冰。

PCCWST按安全停堆地震等级、抗震Ⅰ类设计。

3.2.3.2　辅助储存箱(PCCAWST)

PCCAWST是一个位于辅助厂房附近地面上的圆柱形钢制水箱，水箱内充满除盐水。其有效容积大于PCCWST及乏池所需的补水量。

水箱设有水位测量和报警装置，为防止出现结冻，还设有温度测量和报警装置，由温度计控制水箱内的电加热器，使水箱内的水保持在结冰温度以上。

该水箱采取了保温措施，使水保持足够的热惯量，即使在没有加热器运行的情况下7 d之内也不会结冰。输水管也采取了保温措施并保持干燥，防止向PCCWST或乏燃料水池补水时发生结冰现象。

3.2.3.3　化学添加罐

化学添加罐为一个小型立式圆柱体容器，位于辅助厂房内，通过该罐将过氧化氢溶液(或其他杀藻剂)添加到再循环回路，防止PCCWST和PCCAWST内滋生藻类。

3.2.3.4　循环泵

PCCWST循环回路有两台100%容量的离心泵。一台循环泵能将PCCWST中储存的水量每周循环一次，亦能为PCCWST和乏燃料水池提供足够的补水流量。两台循环泵并列运行还可满足消防水系统的要求。

3.2.4　系统运行

3.2.4.1　正常运行

机组正常运行时，PCS处于备用状态，安全壳的冷却由安全壳再循环冷却系统(VCS)和中央冷冻水系统(VWS)实现。技术规格书对PCS系统的备用作了规定：PCS在功率运行、启动、热备用和安全停堆模式下(分别对应模式1～模式4)，需维持热备用状态，包括维持PCCWST和PCCAWST水装量、水质、水温并进行设备的定期试验。在冷停堆(模式5)和换料(模式6)，如果堆芯衰变热小于9MW，则不要求PCS备用。

在主控室可以对安全壳压力、PCCWST隔离阀泄漏、阀门间温度、安全壳外的环境温度、PCCWST和PCCAWST水位、水温和再循环流量等进行连续监测，当发生异常时会出现报警信号或保护动作。另外,PCCWST 和 PCCAWST 水箱需要定期取样以对水质进行监测。

3.2.4.2 事故运行

当安全壳内压力或温度异常而达到保护定值时,PCS 系统启动,3 条并联供水管线上的 3 个常闭隔离阀自动开启,冷却水箱内的水依靠重力向安全壳外表面提供冷却水,并通过水箱内 4 个不同高度的立管来调整冷却水流量。PCS 系统启动后会自动运行,在 72 h 内不需要操纵员干预,但必要时,操纵员可以通过以下手段调整安全壳冷却水流量以有效降低安全壳压力:

(1) 手动启动循环泵由辅助水箱向冷却水箱补水。

(2) 手动投入除盐水、消防水或辅助水源向冷却水箱补水。

(3) 手动启动除盐水、消防水或辅助水源直接供水至安全壳穹顶上方的水分配盘。

另外,当安全壳内或辅助厂房安全相关区域发生火灾时,PCCWST 水箱作为抗震Ⅰ类水源,其中 18 000 加仑($68.1\ m^3$)的水量可供两条流量为 75 加仑/min ($0.28\ m^3/min$)的消防水管连续使用 2 h。

3.2.5 仪表

3.2.5.1 重要仪表通道

(1) 压力测量仪表

PCS 系统在安全壳内设置的压力测量仪表有:

4 个安全相关的压力表,用于监测安全壳内压力,当达到整定值时发出报警或发出控制、保护信号。

3 个安全相关的宽量程压力表,用于事故后监测。

PCS 系统在安全壳外设置的压力测量仪表有:

1 个非安全相关压力表,安装在再循环泵出口管线上,用于测量再循环回路的压力。

(2) 流量测量仪表

4 个安全相关的流量计,安装在 PCCWST 的 4 个出库管线上,用于监测 PCS 向安全壳外壳提供的冷却水流量。

1 个非安全相关流量计,安装在再循环泵出口,用于测量再循环回路的流量。

1 个非安全相关流量计,安装在 PCS 向 SFP 补水管线上,用于测量向乏池的补水流量。

(3) 温度测量仪表

2 个非安全相关温度计,安装在 PCCWST 水箱底部,用于测量水箱温度。

1 个温度控制器,安装在 PCCAWST 水箱外侧,用于测量水箱的温度并启停水箱电加热器。

2 个非安全相关温度计,用于测量排气口温度。

2 个非安全相关温度计,用于测量再循环回路温度。

(4) 液位仪表仪表

2 个安全相关的宽量程液位计,用于监测 PCCWST 水箱液位。

2 个非安全相关窄量程液位计,用于监测 PCCWST 水箱液位。

1 个非安全相关液位计，用于测量 PCCAWST 水箱液位。

2 个非安全相关液位计，用于监测 PCCWST 排水隔离阀的泄漏。

3.2.6 技术参数

技术参数见表 3-2-1。

表 3-2-1　非能动安全壳冷却系统性能参数

非能动安全壳冷却水储存箱(PCCWST)	
非能动安全壳冷却系统可用容积(gal) - 最小值	756 700 (2 864 m^3)
消防系统可用容积 (gal) - 最小值	18 000 (68.1 m^3)
水箱供水持续时间 (天) - 最小值	3 d
最低温度/℉	40 (4.5 ℃)
最高温度/℉	120 (48.9 ℃)
向乏燃料池长期补水流量 (gpm) - 最大值	118 (26.80 m^3/h)
上部环廊疏水流量 (每个地漏)(gpm) - 最小值	525 (119.2 m^3/h)
非能动安全壳冷却系统辅助水箱(PCCAWST)	
PCS 及 SFS 可用容积(gal) - 最小值	780 000 (2 950 m^3)
向 PCCWST 长期补水流量(gpm) - 最小值	100 (22.7 m^3/h)
向乏燃料池长期补水流量(gpm) - 最小值	35 (7.95 m^3/h)
向 PCS 及 SFS 长期补水持续时间(d) - 最小值	4 d
消防系统可用容积 (gal)	18 000 (68.1 m^3)

非能动安全壳冷却系统设备参数见表 3-2-2。

表 3-2-2　非能动安全壳冷却系统设备参数

非能动安全壳冷却水储存箱	
容积(gal) - 名义值	785 000(2 970 m^3)
设计温度/℉	125(51.7 ℃)
设计压力	常压(1.0 bar)
材料	有不锈钢衬里的混凝土
立管与箱体底板相对高度 (电站标高 298 ft 9 in[91.06 m])	
溢流(ft) - 名义值	28.5(8.69 m)
顶部立管(ft) - 名义值	24.1(7.35 m)
第二立管(ft) - 名义值	20.3(6.19 m)
第三立管(ft) - 名义值	16.8(5.12 m)
底部立管(ft) - 名义值	0.5(0.15 m)

续表

非能动安全壳冷却系统辅助水箱	
容积(gal) - 供非能动安全壳冷却系统、乏燃料池冷却系统及消防系统的总水量	800 000(3 028 m^3)
设计温度/°F	125(51.7 ℃)
设计压力	常压(1.0 bar)
材料	碳钢
分水斗	
容积(gal) - 名义值	42(0.16 m^3)
设计温度/°F	150(65.6 ℃)
设计压力	常压(1.0 bar)
材料	不锈钢
非能动安全壳冷却再循环泵	
数量	2
型式	离心泵
设计流量(gal/min)	135(30.6 m^3/h)
设计全扬程(ft)	375(114.3 m)
材料	湿润部件为不锈钢

3.3 主控室应急可居留系统(VES)

3.3.1 系统概述

VES 属于核安全相关系统，是核电厂专设安全设施的一个组成部分。主控室应急可居留系统(VES)的主要目的就是在严重事故工况时为主控室人员提供可供呼吸的清洁空气并且阻止气载放射性进入主控室。在发生堆芯受损的设计基准事故时，VES 具备限制某些电厂选定区域温度增长的能力。

3.3.2 系统功能

主控室应急可居留系统(VES)能自动地启动和非能动地工作，保证主控室可居留性和限制电厂选定区域内的温度。主控室应急可居留系统可以不依靠厂内和厂外交流电源、操纵员的动作或能动部件，执行以下的安全相关功能：

(1) 通风：为主控室人员提供呼吸用的清洁空气；

(2) 加压：保持主控室相对于周围区域有一个微正压，防止受放射性污染的空气进入主控室；

(3) 冷却：在设计基准事故后，利用构筑物的热容量，为电厂内必须保持其功能的那些设备提供非能动的冷却。

3.3.3　系统描述

主控室应急可居留系统有 4 个压空储存罐模块，每个模块包括 8 个单独的压空储存罐（共 32 只压空储存罐），系统的设置情况如图 3-3-1 所示。压空储存罐用于提供呼吸用的压缩空气，其设计压力为 27.58 MPa（表压力），正常运行时其压力至少保持在 23.45 MPa（表压力），以保证 72 h 的供气能力。每个模块中的 8 个压空储存罐与一根支管相连，每根支管上有一个手动隔离阀和一个卸压阀，这 4 根支管连接到一条公共供气母管上。

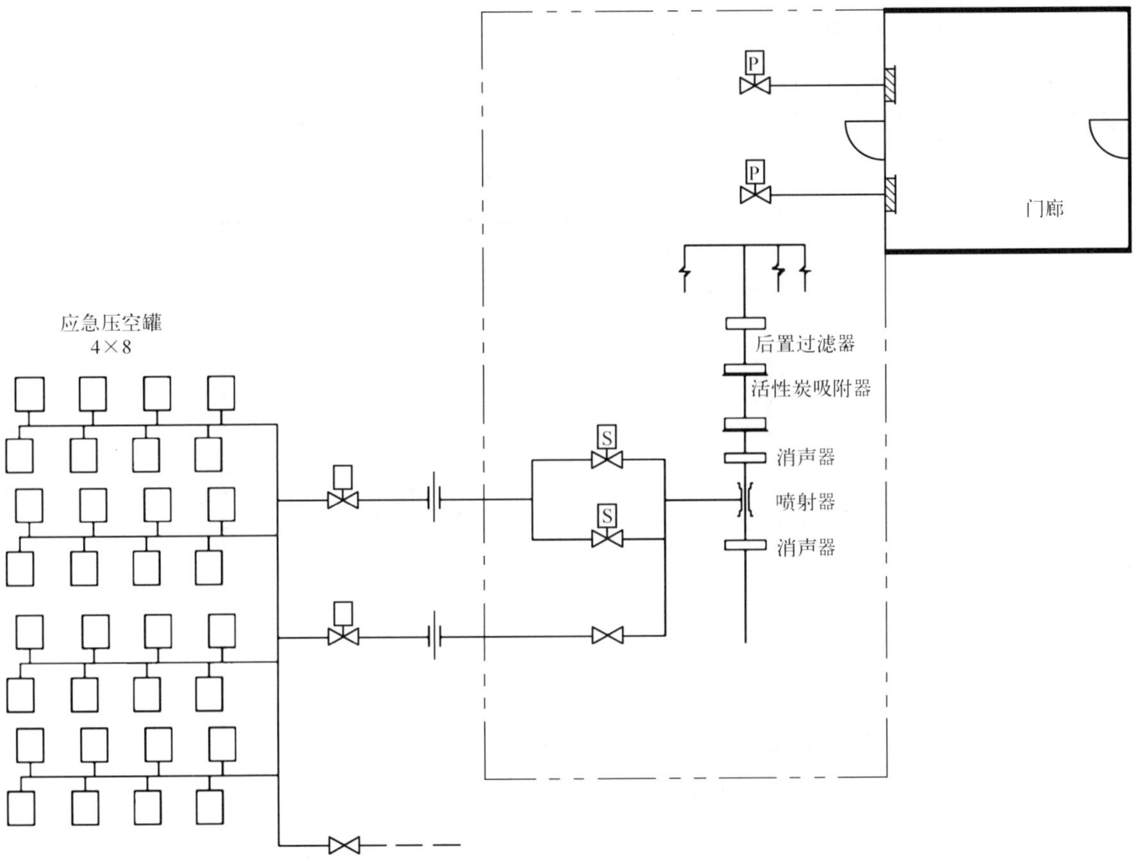

图 3-3-1　主控室应急可居留系统流程图

从公共供气母管到主控室有主、辅两条供气管线。每条管线上在主控室外安装有 1 个压力调节阀和 1 个节流孔板，在主控室内部，主供气管线上装有一个常开的手动隔离阀和两个并联的电磁隔离阀，而辅助供气管线上只有一个常闭的手动隔离阀。另外，供气母管还连接至仪表和压缩空气系统的空气压缩机，用于向压空储存罐补充压缩空气。

主控室压力边界外墙上安装有卸压风挡，用来为主控室提供超压保护。卸压风挡位于卸压隔离阀下游的风管上，在主控室和环境压差高于 31 kPa 时卸压风挡开启，及时将主控室的空气排放到外部环境中。

主控室入口门廊安装有两道气闸门，用来保证主控室的密封性，防止因操纵员进入主控室而带入放射性。

3.3.4 设备描述

主控室应急可居留系统由紧急空气储存罐以及有相关的管道、阀门、风阀和仪表组成。但是，VES 的运行和功能需要考虑将厂房结构的钢材、混凝土墙面、地板、散热片的热容量作为主控室应急状态的热阱，以此保证人员和电气设备房间的温度保持在可接受的限值范围内。

3.3.4.1 主控室压力边界

主控室位于核岛辅助厂房内标高 5.334 m 处，它由主控制区、操纵员区、签票室、值班长办公室、办事员办公室、厨房以及盥洗室等组成，如图 3-3-2 所示。主控室的压力边界完全包容上述房间。

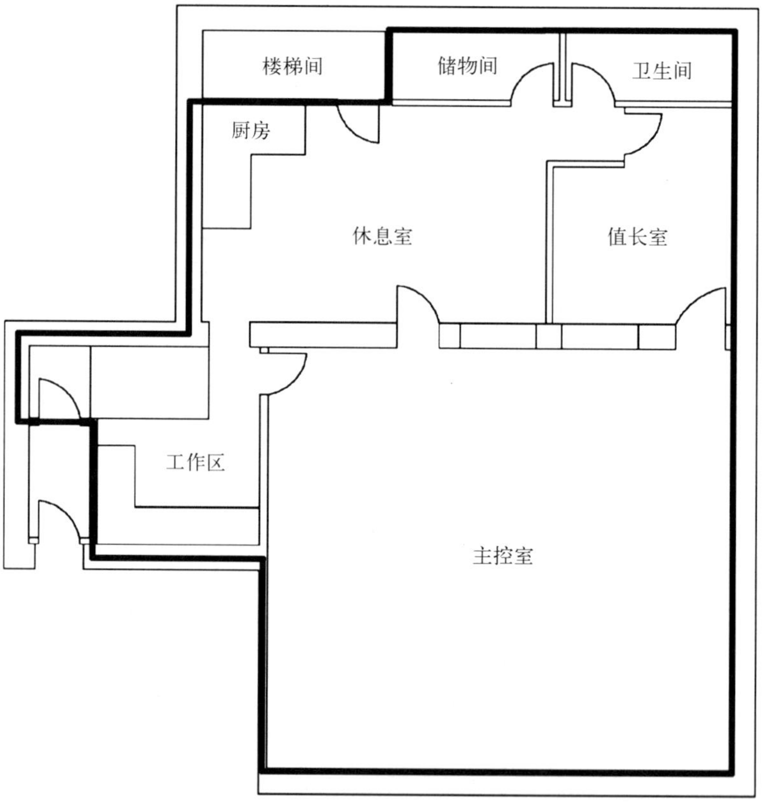

图 3-3-2 主控室压力边界

对于 VES 运行有重要关系的主控室和其他厂房，设计上采用特殊结构。主控室压力边界需要按低泄漏要求进行设计，它由现浇预应力混凝土墙和厚板组成。与混凝土接触的贯穿件外表面用环氧密封填料密封。管道和电缆贯穿件用合格的抗压材料密封，抗压材料是和贯穿件材料和/或电缆外套相容的；主控室的内部或外部表面（墙、地板和天花板）涂上一层低渗漏涂料/环氧密封剂；和管道、导管等接触的贯穿件和套管内表面用密封组件密封，组件的材料和管道、导管等是相容的；主控室压力边界的 VBS 系统的隔离阀要经过鉴定，在主控室正压时能关紧；在穿过空气压力屏障的贯穿件中采用的密封材料至少能承受 6.3 mm 水柱压差（表压）；主控室压力边界的正常入口有一道带双气闸门的门廊。应急出口门正常是闭合的。

3.3.4.2　应急压空储存罐

VES 共有 32 个压空储存罐。每个储罐均由罐体和管道构成，罐体采用遵照 ASME 标准的铸造工艺制造，需要铸造后的热处理；而采用的管道则是没有焊缝的无缝管道。

3.3.4.3　压力调节阀

压力调节阀是一个减压阀，其功能主要是使调节阀后压力维持在 0.689 MPa（表压力）左右，以控制下游节流孔板的流量维持恒定。压力调节阀位于主控室压力边界外部的应急压空输送管道上。

3.3.4.4　节流孔板

节流孔板用来限制流入主控室的压缩空气流量维持在恒定值。孔板位于主控室压力边界外部的应急压空输送管道上，在压力调节阀的下游。

3.3.4.5　应急压空主隔离阀

应急压空主隔离阀是气动隔离阀。阀门位于主控室压力边界内部的应急压空输送管道上。

3.3.4.6　卸压隔离阀

卸压隔离阀是气动蝶阀，正常运行时保持关闭，在 VES 启动后延时打开。卸压隔离阀主要用来防止因主控室隔离而导致的主控室超压。阀门位于主控室压力边界内部。

3.3.4.7　卸压风挡

卸压风挡位于主控室压力边界外、卸压隔离阀下游的风管上。当主控室压力高于环境压力 31 kPa 时，卸压风挡开启，及时将主控室的空气排放到外部环境中。

3.3.4.8　主控室入口闸门

主控室入口门廊安装两道互锁的闸门，用来防止因操纵员进入主控室而带入放射性。主控室在应急工况下相对于周围环境维持一个微正压（约 31 kPa），因此，当闸门开启后，气流将会流向主控室外面的走廊。

3.3.4.9　系统原理

（1）温度控制原理

1）气体膨胀吸热

正常运行时，VES 的压缩空气储存罐由仪用压空系统或移动压空气瓶充满高压空气后处于隔离状态。在 VES 动作之后，压缩空气在膨胀过程中会吸收主控室的部分热量。

2）非能动热阱吸热

非能动热阱是利用一些物质本身具有的储热能力或热容量吸收高温物体释放出的热量从而达到冷却降温目的。AP1000 的非能动热阱主要由厂房的混凝土天花板和混凝土墙提供。为了增加天花板的吸热能力，挑选一些特定位置混凝土墙面，在其表面安装一些金属散热片，使热量尽快传递到混凝土。

辅助厂房的带金属散热片楼板是一种结构模块，主要用来作为特定厂房的天花板，如图3-3-3所示。

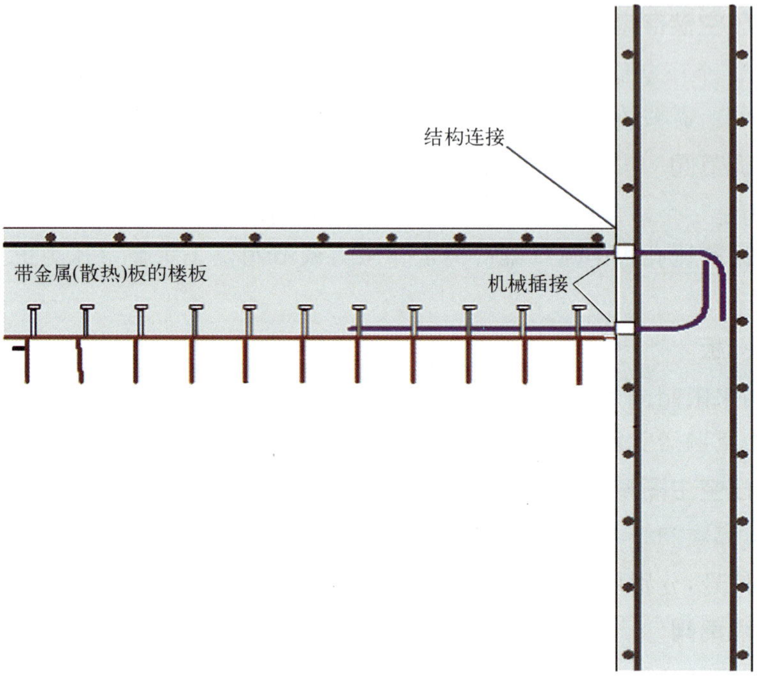

图3-3-3　带金属散热板的楼板

（2）自然循环导热

压缩空气注入主控室内部后，由于新风温度比室内原有的旧风温度稍低，从而导致新风密度高于旧风，室内气体按密度差分布。新风由于重力作用向下流动，旧风在密度压差的作用下向屋顶上方流动，最终被屋顶冷却。这就形成了自然循环流动换热。

（3）卸压排热

当主控室内温度不断升高和应急压空持续注入导致主控室气体体积膨胀，压力上升时，主控室的卸压阀门开启。热空气流通过卸压隔离阀和风挡排向外部大气，将主控室的部分热量带出，从而控制温度的进一步升高。

3.3.4.10　放射性控制原理

当全厂电源丧失或主控室通风放射性超标后，主控室被隔离，主控室应急可居留系统能在72 h内可向主控室供应流量为110.4 m^3/h的未污染空气。随着主控室充入的空气增多，主控室的压力逐渐升高。主控室在应急工况下相对于周围环境维持一个微正压（约31 kPa），防止没有经过过滤的、可能被污染的空气进入主控室内。当主控室压力高于环境压力31 kPa时，卸压风挡开启，及时将主控室的空气排放到外部环境中。

主控室入口门廊安装两道互锁的闸门，当闸门开启后，气流将会流向主控室外面的走廊。防止因操纵员进入主控室带入放射性。

3.3.5 仪表

VES包含了各类过程监测仪表用来为系统控制、保护、显示提供信号，主要有以下几种仪表。

3.3.5.1 压力表

在VES的压缩空气储存罐出口、压力调节阀上游安装了2只压缩空气储存罐压力表，主要用来监测压力调节阀上游的压缩空气储存罐内的压力并在主控室或远方控制室显示。压缩空气储存罐压力表不但向电厂控制系统(PLS)提供信号，还作为事故后监测仪表，属于D2类设备，供电电源为1E级72 h应急电源。

当压缩空气储存罐的压力表低于低1整定值时，向主控室发出“压力低1”报警，提醒主控室操纵员为压缩空气储存罐充气，因为这预示压缩空气储存容量不足维持事故后72 h的压空供给要求。事故工况时，当压缩空气储存罐的压力表低于低2整定值时，向主控室发出“压力低2”报警，提醒主控室操纵员压缩空气储存罐的储存容量只能继续维持8 h的压空供给要求。

3.3.5.2 压差表

在主控室的压力边界内部和外部走廊安装了2只压差表，主要用来监测主控室的内外压差并在主控室或远方控制室显示。这两块表为电厂保护和监测系统(PMS)和电厂控制系统(PLS)提供信号，分别用来向主控室发出报警和控制VBS系统。主控室压差表作为事故后监测仪表(PAMS)，属于D2类设备，供电电源为1E级72 h应急电源。

压差表可以向主控室发出“压差高”报警，表示压力调节阀失效开启或者是卸压阀故障关闭。当压差表向主控室发出“压差低”报警时，表示一条空气注入管道丧失或者是卸压阀故障开启。

3.3.5.3 流量表

VES管道上装有2只流量表，用来监测VES向主控室的供气流量和验证主控室维持微正压。VES流量表属于D2类设备，供电电源为1E级72 h应急电源。

当主控室显示VES空气“流量高”报警时，可能表示压力调节阀故障；当主控室显示VES空气“流量低”报警时，可能表示压力调节阀或电动隔离阀故障导致VES供气不足。

3.3.5.4 阀位指示

VES的压力调节阀和电动隔离阀都安装了阀位指示器，向主控室或远方控制室提供阀门位置信息。

3.3.6 系统运行

(1) 正常运行工况

电厂在正常运行时，不要求VES运行。此时，由核岛非放射性通风系统(VBS)为主控室、技术支持中心、仪表控制室、直流电源设备室、蓄电池室以及核岛非放射性通风系统设备室提供通风。

(2) 应急运行工况

在电厂失去交流电源超过10 min或主控室供气管道放射性超过高-高定值时，VES自动启动且主控室自动隔离。此时，由 VES 向主控室及仪表控制室提供通风，以满足主控室的应急可居留要求。即使在发生设计基准事故的同时叠加一个单一故障时，VES 仍能在 72 h内执行其安全相关的功能，而不需要操纵员的动作干预或其他外援。

3.3.7 系统参数

系统参数如表 3-3-1 所示。

表 3-3-1 主控室应急可居留系统(VES)参数

设备名称	参数
VES 空气储存箱	
数量	32
设计压力	27.69 MPa
容积	1.3 m^3
运行压力(最小)	23.55 MPa
VES 空气流量	
最小流量	101.9 m^3/h
名义流量	110.4 m^3/h
最大流量	118.9 m^3/h
初始房间/区域温度	
最大温度	23.9℃
主控室	22.8℃
仪表间、控制直流设备	22.8℃
最终房间/区域温度	
最大温度	32.2 ℃
主控室	30 ℃
仪表间、控制直流设备	48.9 ℃
主控室最小压差(VES 运行时)	3 mm 水柱
主控室 CO_2浓度(11 人)	0.03%
主控室最大 CO_2浓度(72 h 后)	0.5%

VES 的设计主要依据以下假定条件：在主控室内居住人员最多为 11 人的情况下，向主控室供应的设计空气流量为 110.4 m^3/h，保持 CO_2 的浓度小于 0.5%。

32 只 VES 空气供应储存箱包含足够的压缩空气，总容积至少为 8 895 m^3(最小压力为 23.55 MPa 时)，能在 72 h 内可向主控室供应流量为 110.4 m^3/h 的空气。

VES 空气源保持主控室有一个稍微正的压力，至少为 3 mm 水柱(表压)，其目的是防止没有经过过滤的、可能被污染的空气进入主控室内。

当 VBS 不工作时，非能动热阱能在 72 h 内限制主控室、仪表间和直流设备间内的温度上升；维持仪表设备室或直流设备室的温度限制在 49 ℃，主控室的温度限制在 30 ℃。

VES空气供应储存箱壳体的最大内径限制在61 cm，保证容器没有焊逢，要求在锻造后经过热处理。

3.4　安全壳系统(CNS)

3.4.1　系统功能

3.4.1.1　安全相关功能

(1) 完整性

安全壳边界作为防止放射性物质外泄的第三道安全屏障设计成能够承受发生LOCA事故、蒸汽管线破裂事故、给水管道破裂事故所造成的安全壳内最高压力和最高温度；另外，安全壳边界也能够避免由于设计基准事故使安全壳的内部压力降低而产生的安全壳外部压力载荷。

(2) 隔离

CNS系统提供了隔离功能，以保证安全壳边界的完整性，防止放射性物质外泄，同时保证正常运行或应急流体通过安全壳边界的能力。

(3) 热量导出

在LOCA事故、主给水管线破裂、主蒸汽管线破裂或由于PRHR HX或ADS投入引起的IRWST内的水蒸发时，CNS可以和PXS一起降低安全壳内的温度和压力。

(4) 安全壳密闭

在停堆运行期间安全壳内存在燃料组件时，CNS提供安全壳密闭功能以保持安全壳内的冷却水水装量。此时需要将所有连通安全壳内空气和安全壳外大气的管道关闭或者保证可以在换料水池中的水发生汽化事故之前将它们关闭。

(5) 旁通安全壳的泄漏

AP1000不采用双层安全壳的设计，但在附属厂房内仍有一些系统或设备收集并处理从安全壳内泄漏出的物质。CNS可以通过钢制安全壳壳体、机械贯穿件和电气贯穿件、人员通道和设备通道、燃料传输管来减少旁通安全壳的泄漏。

3.4.1.2　其他功能

(1) 安全壳内具有足够的自由容积，用于限制严重堆芯降级事故后的氢气浓度，使氢气总浓度达不到引爆限值。

(2) 对于最有可能使安全壳旁通的安全壳贯穿件上的隔离阀采用多元触发方式，即使在保护和安全监测系统(PMS)不能提供隔离信号的情况下，这些隔离阀也能够执行安全壳隔离功能。

(3) 空气循环

安全壳的内部设计使得安全壳内的空气可以自由循环，从而使得安全壳内的工艺参数分布均匀。

(4) 泄漏率试验

安全壳泄漏率试验系统可以对那些需要定期做泄漏率试验的贯穿件和隔离屏障进行

试验。

(5) 人员及设备的进出

安全壳设备闸门和人员闸门可满足设备和人员的进出需要,能够方便地让人员和设备在正常条件和应急条件下通行。

(6) 燃料传输

安全壳燃料传输通道为安全壳内换料水池与辅助厂房燃料操作区间的燃料传输提供运输路径。

3.4.2 系统描述

CNS 边界包括钢制安全壳壳体、电气贯穿件和机械贯穿件、燃料传输通道、设备闸门和人员闸门、蒸汽发生器壳侧、蒸汽发生器蒸汽侧仪表接口以及位于安全壳内部的主蒸汽、给水和排污管线。

钢制安全壳容器是安全壳系统的一部分,用于事故工况下限制裂变产物的释放;为非能动安全壳冷却系统的运行提供热交换面,同时也为非能动安全壳冷却系统的空气导流板装置提供支撑,从而可以将安全壳内的热量传递给安全相关的最终热阱——大气。

与目前核电厂相比,AP1000 安全壳贯穿件数量更少,且正常运行时处于关闭状态的隔离阀比例更高。那些正常运行时处于开启状态的阀门一般采用失效关闭的隔离阀。另外,绝大多数正常运行时处于开启状态的贯穿件设置了冗余隔离措施。

AP1000 有 36 个机械贯穿件(包括燃料传输通道),其中 23 个(包括燃料传输通道)是常闭的,另有 3 个是备用的。有 8 条常闭的机械贯穿件中含有常开的阀门,但是由于它们所在系统的安全壳内部分与一回路或安全壳内空气均不连通,故认为它们是常闭的。10 个常开的机械贯穿件中有 7 个采用失效关闭的阀门,另外 3 个阀门失效后保持在原来位置,因为它们对于缓解事故后果是十分重要的。这 3 个贯穿件的阀门需要操作员远程控制关闭。

AP1000 有 24 个电气贯穿件,还有一个作为备用。这些电气贯穿件为动力电源、控制电源和仪控信号进出安全壳提供通道。每个贯穿件都必须进行密封以保持安全壳的完整性。

3.4.3 设备描述

3.4.3.1 钢制安全壳壳体

钢制安全壳壳体是一个自由直立的圆柱形钢制容器,带有椭球形上封头和下封头。在壳体的内外表面均设置有无机锌表层,以提高壳体的抗腐蚀性能并提高其保湿性能。

3.4.3.2 设备闸门

安全壳有两台设备闸门,其内径均为 4.88 m。一台主设备闸门位于操作平台高度,另一台维修闸门标高稍低,均可以使设备从该闸门进入安全壳。

设备闸门均采用双层密封,以便于进行阀门密封性试验。

3.4.3.3 人员闸门

人员闸门的标高同设备闸门,即两个人员闸门分别位于主设备闸门和维修闸门的高度。

人员闸门设有串联布置的两道门,这两道门之间设有机械连锁以保证两道门不能同时开启。在任一道门开启时，另一道门可以承受安全壳内的设计压力或试验压力，并保证安全壳的密封性能。

3.4.3.4　电气贯穿件和机械贯穿件

机械贯穿件包括燃料传输通道和机械管道贯穿件。

燃料运输管直接焊接到贯穿件套筒上，而安全壳边界是在换料通道端处带有双道密封圈的盲板法兰。膨胀波纹管提供换料操作期间的水密封，并容纳安全壳容器、安全壳内部结构和辅助厂房之间的位移差，但膨胀波纹管不构成安全壳边界。

每种贯穿件都为其特定的电厂系统设计，如：主给水和主蒸汽管道贯穿件包含有尽量减小作用于安全壳容器管道载荷的波动管，以及保护波动管并防止管道破裂后安全壳环形空间超压的保护管道。

启动给水及蒸汽发生器排污贯穿件设有保护管道，防止管道破裂时安全壳环形空间超压。

正常余热导出贯穿件以及位于安全壳内混凝土结构区域的其他贯穿件，采用贯穿件封头，它们与工艺管道形成整体并焊接到安全壳贯穿件套筒上。安全壳套筒与混凝土之间采用可压缩材料隔开。

其他系统贯穿件结构相同，均采用贯穿件封头或工艺管线直接焊接在贯穿件套筒上，而贯穿件套筒直接焊接在安全壳上。

3.4.4　仪表

CNS 只有用于气闸门连锁的压力仪表，无其他测量仪表。安全壳内的其他仪表可以用于事故后对安全壳的监测，但它们分别属于其他不同的系统，将分别在相应系统中介绍。

3.4.5　系统运行

3.4.5.1　正常运行

在电厂正常运行工况下，通过安全壳循环冷却系统可以维持安全壳内的空气温度最高为 48.9 ℃，最低在 10 ℃以上。正常运行期间，安全壳空气过滤系统（VFS）系统维持安全壳大气压力，VFS 间歇性向安全壳吸入或排出空气，使安全壳大气压力维持在规定的限值内。从安全壳排出的空气需要进行过滤和监测，以限制放射性释放到外界环境中。

3.4.5.2　事故动作

在事故发生时，安全壳内温度和压力升高，此时通过 PCS 带出安全壳内的热量，通过安全壳隔离阀保证安全壳的完整性，通过安全壳内氢气控制降低氢气爆炸的可能性。此时操纵员需要监控以下内容：

（1）通过阀位指示确认安全壳隔离阀正确动作；

（2）通过冷却水流量指示和 PCS 水箱液位变化，确认 PCS 正确运行；

（3）监测安全壳内的温度和压力；

（4）监测安全壳内的氢气浓度。

3.4.6 设计参数

设计压力/bar(绝对压力)	5
设计容积/m^3	5.83×10^5
正常运行时最小压力/bar(绝对压力)	0.987
正常运行时最大压力/bar(绝对压力)	1.069
正常最小环境温度/℃	10
正常最大环境温度/℃	48.9
钢制安全壳体	
圆柱体直径/m	39.6
高度/m	65.6

3.5 安全壳氢气控制系统(VLS)

3.5.1 系统功能

3.5.1.1 安全相关功能

在设计基准LOCA事故后,限制并降低安全壳内的氢气浓度。

3.5.1.2 其他功能

(1) 为防止严重事故后氢气爆燃或爆炸提供纵深防御手段;

(2) 在正常运行期间和设计基准事故后,对安全壳大气中的氢气浓度进行监测;

(3) 在堆芯内部工况恶化或假想堆芯熔化过程中或之后,通过点燃局部释放出来的氢气防止安全壳内的氢气浓度达到可燃限值。

3.5.2 系统描述

安全壳氢气控制系统(VLS)包括3个氢气浓度监测仪、2个非能动自动催化复合器(PARs)以及64个氢气点火器。

氢气浓度监测仪能够连续显示安全壳内空气中氢气的浓度。这种连续监测功能可以使操纵员对事故的演变进行监控,并采取包括启动氢气点火器在内的事故后缓解行动。在任何设计基准事故后,布置在安全壳内的两台安全相关非能动自动催化复合器(PARs)将自动且非能动地将安全壳内的氢气浓度维持在较低的水平。在安全壳内布置有64个氢气点火器,在严重事故和假想堆芯熔化过程中或事故后的氢气快速释放阶段,在氢气相对浓度较低时,通过局部点火燃烧(爆燃),防止氢气浓度达到可能爆炸的水平。

非能动自动催化复合器(PARs)设计成能够适应假想LOCA事故下氢气产生的速率。两个安全相关的非能动氢复合器(PARs)分别布置在安全壳内操作层以上约49.4 m和50.6 m标高处,距安全壳内壁4 m。这种布置能够在安全壳内形成一个均匀混合区域,区域内的自然对流是向上流动。另外,非能动氢复合器(PARs)从布置的方位上,远离潜在的向上强流区域，如环路隔间上方的直流区域。在严重事故后，假定100%的燃料包壳与水发生反应，锆—水反应的氢气产生速率非常快，即使有非能动氢复合器(PARs)的运行，也不可能避免安全壳内氢气浓度超过燃烧最低限值，特别是在局部区域。因此，在安全壳内任何区域氢气将要达到较低燃烧限值时，氢气点火器即刻启动使氢气燃烧。在较低可燃水平下启动氢气点火燃烧，能够防止在氢气浓度较高时出现意外燃烧，这样能够在氢气燃烧过程中为维持安全壳的完整性提供保证。对于假定的氢气快速产生，整个安全壳内的氢气浓度也能够通过分散布置的氢点火子系统的运行得到限制。当氢气浓度在可燃限值和10%容积之间时，点火使氢气局部燃烧(氢气燃烧火焰以亚音速传播)，能够防止氢气发生爆炸(氢气燃烧火焰以超音速传播)。为达到此目的，安全壳内的点火器布置在可能存在的氢气释放点、氢气可能流经的路径或可能积集的区域。

3.5.3　设备描述

3.5.3.1　非能动自动催化复合器(PARs)

非能动自动催化复合器结构简单，没有能动部件，不需要电源或其他支持系统。只要有反应物(氢气和氧气)存在，复合器就能够自动启动。PARs有一个不锈钢包壳，既可以作为自身的结构部件，同时也为催化材料提供支撑。包壳的底部和顶部设有开口，并且向上延伸高于催化剂，从而利用烟囱效应提高装置的效率和流通能力。催化材料可装在滤筒内，也可堆积在一个固定于包壳内的金属平台上，滤筒或金属平台间的间隙作为气流的通风通道。在运行期间，复合器内的气体在复合过程中被加热，气体通过自然对流上升。由于气体被加热后上升，安全壳内的气体混合物从PARs的底部抽进复合器内，通过放热反应被加热，放热反应时产生水蒸气，然后从烟道排出并与安全壳空气混合。该装置采用分子扩散过滤器，这样敞开的气流通道就不会被沾污。PARs接触氢气和氧气即开始进行非能动复合。在事故早期气体浓度达到可燃之前，复合过程在局部房间内或者温度升高时进行。PARs对于较宽范围的环境温度、反应物浓度(富集的或贫乏的，氧/氢浓度小于1%)及蒸汽分压都是有效的。

3.5.3.2　氢气点火器

氢气点火器装置为点火塞型，在包括LOCA在内的严重事故期间，安全壳环境中点火塞的表面温度保持在871～927 ℃，一旦氢气达到可燃浓度，其附近的点火塞很容易将氢气点燃。喷淋屏蔽装置用于保护点火器，能够防止水滴(安全壳壁及邻近设备和结构上水蒸气凝结产生的水滴)落到点火器上。

氢气点火子系统是非IE级的，但点火器在分布、电源设计上，尽量减少安全壳或单独隔间内点火器可能出现的功能失效。点火器的供电分成两个电源组，两组电源均由厂外电源供电，当厂外电源不可用时由厂内的一台柴油机供电。当柴油机故障时，由每个电源组对应的非IE级蓄电池供电，此时，点火器可运行约4 h。

3.5.4　系统运行

3.5.4.1　正常运行

在电厂正常运行期间，VLS通过氢气监测仪对安全壳空气中氢气的浓度进行连续监测。

3.5.4.2 事故后运行

在发生设计基准事故或严重事故时，VLS 系统可以连续测量安全壳内氢气浓度，并在主控室及远程停堆工作站进行显示。

PARs 作为一直处于可用状态的非能动装置，其启动不需要任何运行操作。在设计基准事故期间，仅一台 PAR 运行就具有足够的消氢能力，将氢气浓度维持在 4%的限值以下。对于严重事故，氢气产生的速率将超过 PAR 的消氢能力，这时氢气点火器会启动，将安全壳内的氢气总浓度控制在 10%的限值以下。

事故后长期运行阶段，主要通过自动催化复合器的非能动运行来降低安全壳内的氢气浓度，PARs 可以将氢气浓度减小到接近 0.3%，如果还有进一步降低氢气浓度的要求，则可通过安全壳净化系统对安全壳内空气进行净化。

复习思考题

1. 请简要描述非能动堆芯冷却系统(PXS)的组成。
2. 请简述非能动安全壳冷却系统(PCS)的功能。
3. 在非能动安全壳冷却系统(PCS)动作后，如有必要，操纵员可以通过哪些手段调整安全壳冷却水流量?
4. 事故发生时，如何保证安全壳的完整性? 此时操纵员需要监测哪些内容?
5. 简述主控室应急可居留系统(VES)的主要功能及其设计基础。
6. 发生事故时，安全壳氢气控制系统(VLS)如何限制安全壳内氢气浓度?

第四章 加热、通风及空调系统

4.1 加热、通风及空调(HVAC)系统概述

放射性物质的辐射是核电厂的主要危害因素之一，而通风系统则是降低工作场所放射性物质浓度的有效手段。因此，通风系统在核电厂职业卫生中具有特殊的重要性。通风设计保证了合理的气流方向，即清洁区→低污染区→高污染区→排入大气，可以防止污染扩散或交叉污染。控制压力边界，维持潜在放射性气体区域负压，以防止放射性释放到其他清洁区。通过合理的换气次数，实现工作场所的净化，减少工作人员吸入气态放射性物质和放射性粉尘，减轻放射性气溶胶对工作人员的照射。另外，根据核电厂正常运行和事故工况的不同情况，对某些重要的区域或房间的通风量、气体处理设备和系统运行方式都分别进行考虑，防止污染扩散。例如提供必须的过滤净化手段，控制事故工况下的放射性释放量。

核电厂供热、通风与空调系统的设计，除考虑放射性物质的危害因素外，还应对非放射性职业危害进行分析并提出防范措施，满足卫生要求。

加热、通风与空调系统通过对室内空气温度、相对湿度、压力、换气次数等参数进行调节和控制，为设备的正常运行创造安全的环境条件，为人员进入及工作提供舒适的环境。另外，系统通过空气过滤器对送风空气处理机组进风进行过滤，以减少空气中的灰尘；通过使新风入口和室外排风口保持一定的卫生距离，保证直流式系统的新风质量。

加热、通风与空调系统的转动部件，如冷水机组，空气处理机组，水泵，风机等均考虑隔振措施，包括设置减震器或橡胶隔振垫，软接头等，使厂房内振动水平满足要求。

设计中考虑了放射性危害的加热、通风及空调系统主要包括：

(1) VAS——放射性控制区通风系统；

(2) VBS——核岛非放射性通风系统；

(3) VCS——安全壳再循环冷却系统；

(4) VFS——安全壳空气过滤系统；

(5) VHS——物理保健和热机修车间 HVAC 系统；

(6) VRS——放射性废物厂房 HVAC 系统。

主要考虑非放射性职业危害的加热、通风及空调系统主要包括：

(1) VXS——附属/辅助厂房非放射性通风系统；

(2) VZS——柴油发电机厂房供热和通风系统；

(3) VTS——汽轮机厂房通风系统；

(4) 其他 BOP 厂房加热、通风及空调系统。

4.2 放射性控制区通风系统(VAS)

4.2.1 系统功能

放射性控制区通风系统(VAS)服务于辅助厂房的放射性控制区域,以及附属厂房内除保健物理和热机修车间以外的放射性控制区域。VAS为非安全相关系统,其功能主要有以下几条:

(1) 调节和过滤送风空气,以维持辅助和附属厂房放射性控制区域合适的房间温度,保证设备可靠运行和维修活动。

(2) 维持所服务的放射性控制区域处于轻微负压,控制区域排风去往电厂排气烟囱,以便监测气体排放。

(3) 在电厂正常运行期间维持厂内空气气流方向从低放射性污染区流向高放射性污染区。

(4) 当监测到排风管内的高气载放射性浓度或相对于环境高压时,通过关闭送风管和排风管上的隔离阀,将选定的厂房区域和外界环境自动隔离开来,并启动安全壳空气过滤系统。

(5) 能直接抽取核岛液体废物系统(WLS)流出物暂存箱中的气体,防止放射性碘和氢气在箱中聚集。

(6) 在电厂正常运行期间,排出气体废物系统(WGS)中的氢气。

(7) 必要时,VAS为来自便携式废树脂脱水系统的气体提供直接排放。

(8) 在电厂正常运行期间提供足够的通风,以维持厂内气载放射性浓度处于安全水平。

(9) 与其他区域的气体一起提供受控的排放,以维持向厂外排放的气载放射性在安全水平。

(10) 在严重事故下,为中部环廊的送、回风管提供隔离功能,以滞留和沉积安全壳泄漏物。

(11) 提供通风维持余热排出(RNS)泵房和化学和容积控制系统(CVS)泵房在设计温度范围之内,以支持RNS泵和CVS泵正常运行。

4.2.2 系统描述

放射性控制区通风系统包括两个子系统:燃料操作区域通风子系统和辅助/附属厂房通风子系统。燃料操作区域通风子系统服务于燃料操作区域,轨道小车平台/过滤器滤芯储存间,废树脂设备间,电梯间等。辅助/附属厂房通风子系统服务于辅助厂房内除燃料操作区域通风子系统作用区域外的放射性控制区,以及附属厂房内除保健物理和热机修车间外的放射性控制区。

4.2.2.1 燃料操作区域通风子系统

燃料操作区域通风子系统主要包括两台50%容量的送风空气处理机组和两台50%容量的排风机。子系统流程简图见图4-2-1。

每个送风空气处理机组包含一个低效过滤器、一个高效过滤器、一组热水加热盘管、一组冷冻水冷却盘管和一台送风机。热水加热盘管和冷冻水冷却盘管分别由热水加热系统(VYS)和中央冷冻水系统(VWS)提供热水和冷冻水。

送风空气处理机组通过附属厂房内的新风静压箱从外界吸取空气。

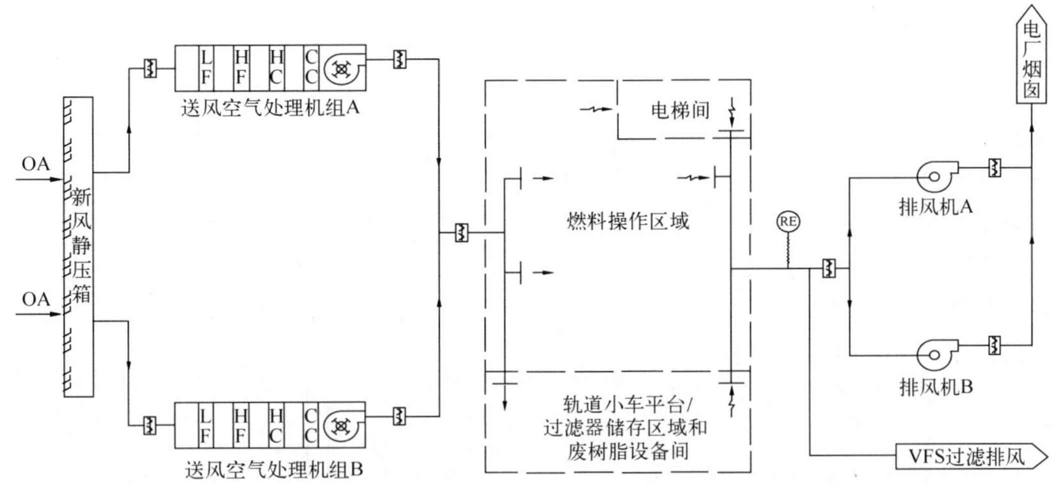

图 4-2-1　燃料操作区域通风子系统流程图

送风管和排风管均设置隔离阀，当监测到排风管中气载放射性浓度高或相对于室外大气高压时，隔离阀关闭。

4.2.2.2　辅助/附属厂房通风子系统

辅助/附属厂房通风子系统包括两台50%容量的送风空气处理机组，两台50%容量的排风机，以及分别设置在RNS泵房和CVS泵房的四台冷却器，每台冷却器可带走相应泵所产生的100%热负荷。子系统流程简图见图4-2-2。

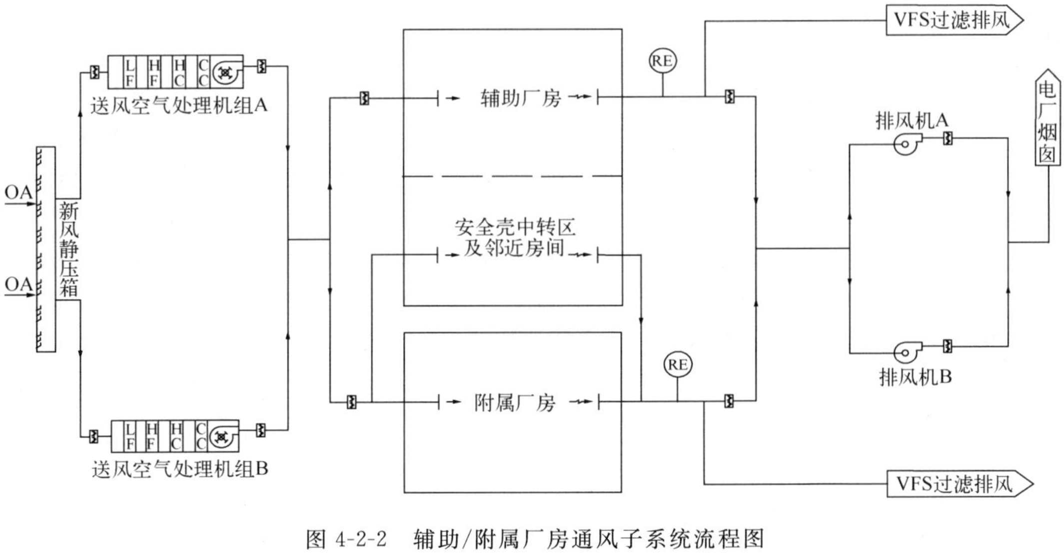

图 4-2-2　辅助/附属厂房通风子系统流程图

正常余热排出系统和化学和容积控制系统泵房内的单元式冷却器由具有冗余序列的中央冷冻水系统的小容量冷却子系统提供冷冻水。正常余热排出泵房每台单元式冷却器均配备二个冷却盘管，分别接A列和B列的冷冻水，从而能支持两台正常余热排出泵同时运行。

两台化学和容积控制系统补给水泵房单元式冷却器分别接至冷冻水系统的冗余序列，A或B列单元式冷却器的单台运行即能维持补给水泵共用泵房的室内温度条件，满足任一台补给水泵的运行。正常余热排出泵及化学和容积系统补水泵房单元冷却器流程图见图4-2-3。

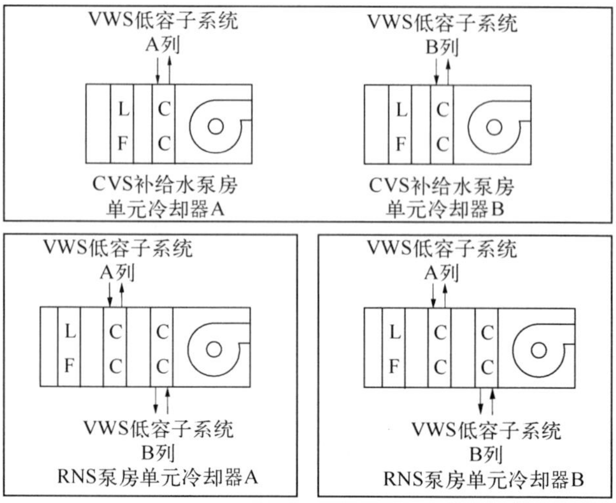

图4-2-3 CVS、RNS泵房单元冷却器流程图

送风空气处理机组通过附属厂房内的新风静压箱从外界吸取空气。

送风管和排风管均设置隔离阀，用于气载放射性浓度高时，将核辅助和附属厂房与室外环境进行隔离。辅助/附属厂房通风子系统的服务范围划分为两个区域，并且可以对两个区域单独隔离。其中，附属厂房中转和储存区、安全壳空气过滤排风机房、安全壳通道走廊，核辅助厂房中转区、VAS设备区、中部环廊、中部环廊出入口房间和保安室作为一个区域；另一个区域则主要包括放射性化学实验室、主取样室、乏燃料冷却泵和热交换器室、正常余热排出泵和热交换器室、CVS补给水泵房、底部环廊和各种放射性废物设备间。每个区域的排风管上均设置放射性剂量监测仪。

4.2.3 系统运行

4.2.3.1 正常运行

电厂正常运行工况下，燃料操作区域通风子系统和辅助/附属厂房通风子系统的两台送风机和两台排风机连续运行，系统按直流式全新风运行。调节送风量以维持服务区相对于室外环境轻微负压。排风不经过滤直接排至电厂烟囱，并对排放至厂区的气载放射性浓度进行监测。

送风温度通过设置在送风管上的温度传感器进行控制，当送风温度低时，调节加热盘管风阀，使流经加热盘管的空气量增加。就地温度调节装置控制送风支管上的加热盘管和单元式加热器，对在室外环境温度低时，存在向外热传导损失的区域进行辅助加热。当送风温度高时，通过调节冷冻水量来冷却空气。通风系统通过设置在送风机组下游的共用风管上和排风机上游的风管上的感烟装置进行连续火灾探测。

当监测到下列任一情况时，1台送风机组自动关闭：

（1）风机风量低于设定值；

（2）送风温度低于设定值。

每台化学和容积控制系统补给水泵和正常余热排出系统泵对应的单元式冷却器，当接到对应泵的启动信号或室内温度高的信号时，自动启动。

4.2.3.2 瞬态及事故工况

当监测到燃料操作区域或辅助/附属厂房通风子系统的两个作用区域的排风中含高放

射性剂量时，相应送风管和排风管上的隔离阀自动关闭，将受污染的区域与室外环境隔离开来，送、排风隔离阀的关闭会触发相应的送、排风机自动停运。当任一辅助/附属厂房通风子系统作用区域被隔离时，单个送排风机的运行使风机运行于风机性能曲线不稳定区域的可能性减至最低。通过安全壳过滤系统，维持隔离区相对于室外和相邻非污染区轻微负压，以减轻未经过滤的气载放射性的渗漏。当正常通风量被破坏，造成厂房相对于室外环境高压时，送风管上和排风管上的隔离阀自动关闭，此时也通过安全壳过滤系统维持隔离区相对于室外轻微负压，直至该通风子系统重新正常运行。

当在送风管探测到烟气时，在主控室报警，并自动停运送风风机。当在排风管中探测到烟气时，在主控室有报警指示，通风子系统仍保持运行，除非电站操作员手动停止本子系统。在服务区域内发生火灾时，当烟气温度达到设定值时，穿越防火隔断的风管上的防火阀自动关闭。

失去厂外交流电源时，为正常余热排出泵房和化学和容积控制泵房服务的单元式冷却器由厂内备用柴油发电机供电。

VAS 为非安全相关系统，在设计基准事故工况下，该系统被假定为不可运行。

在严重事故期间，依照操作规程，主控室操纵员将关闭中部环廊的送、回风隔离阀，以阻止安全壳放射性的不可控释放。

4.3 核岛非放射性通风系统(VBS)

4.3.1 系统功能

核岛非放射性通风系统在电厂正常运行期间服务于主控室、技术支持中心，1E 级直流设备间、1E 级仪控制间、1E 级电气贯穿件房间、1E 级蓄电池间、远程停堆站、反应堆冷却剂泵断路器间和非能动安全壳冷却系统(PCS)阀门间。

4.3.1.1 安全相关功能

(1) 监测主控室送风放射性粒子和放射性碘的浓度；

(2) 在主控室送风中放射性粒子或放射性碘浓度高-高，或长期失去交流电源时，隔离主控室压力边界内的 HVAC 贯穿件，以支持主控室应急可居留性系统(VES)的运行。

4.3.1.2 其他功能

(1) 防止外界烟雾进入主控室和技术支持中心；

(2) 为主控室、技术支持中心及 1E 级电气设备间提供排烟能力；

(3) 为 1E 级蓄电池间提供排风，以限制氢气的积聚；

(4) 维持主控室及 1E 级电气间非能动冷却热阱在设计初始温度限值以下；

(5) 监测主控室气态放射性浓度，在事故时为主控室提供送风过滤以限值放射性水平；

(6) 为服务区域提供通风及冷却，以满足人员舒适度要求、设备运行可靠性要求；

(7) 正常运行期间维持主控室和技术支持中心相对于相邻区域和室外环境有一定的正压，防止未经监测的空气渗入主控室和技术支持中心。

4.3.2 系统描述

核岛非放射性通风系统包括以下三个子系统：主控室/技术支持中心 HVAC 子系统，1E 级电气间 HVAC 子系统，PCS 阀门间加热和通风子系统。

4.3.2.1 主控室/技术支持中心 HVAC 子系统

主控室/技术支持中心 HVAC 子系统服务于主控室和技术支持中心。子系统包括两台 100%容量的送风空气处理机组，两台 100%容量的补充空气过滤机组，两台卫生间排风机。送风空气处理机组由回/排风机、混合段、低效过滤器、高效过滤器、电加热盘管、冷却盘管以及送风机组成，冷却盘管由中央冷冻水系统小容量冷却子系统提供冷冻水。补充空气过滤机组由高效过滤器、电加热盘管、带前置 HEPA 过滤器段的活性炭吸附器、后置过滤器和风机组成。子系统流程图见图 4-3-1。

另外，子系统还配置有两台辅助风机，在失去全部交流电源超过 72 h 后为主控室提供通风。

4.3.2.2 1E 级电气间 HVAC 子系统

1E 级电气间 HVAC 子系统又包括两个分系统。其中一个分系统服务于 A、C 电气通道，备用蓄电池间和反应堆冷却剂泵断路器间，见图 4-3-2；另一个分系统服务于 B、D 电气通道，以及远程停堆站，见图 4-3-3。每一个分系统都包括两台 100%容量的送风空气处理机组，两台 100%容量的蓄电池间排风机。送风空气处理机组由回/排风机、混合段、低效过滤器、高效过滤器、电加热盘管、冷却盘管以及送风机组成，冷却盘管由中央冷冻水系统小容量冷却子系统提供冷冻水。蓄电池间排风接至汽轮机厂房通风，以排出蓄电池产生的氢气。

另外，B、C 通道仪控间还各配置了一台辅助风机，在失去全部交流电源 72 h 后为房间提供通风。

4.3.2.3 PCS 阀门间加热和通风子系统

PCS 阀门间加热和通风子系统包括一台 100%容量的排风机，两台 100%容量的单元电加热器，系统通过百叶窗从室外取风，并由排风机直接排风至大气。

4.3.3 系统运行

4.3.3.1 主控室/技术支持中心 HVAC 子系统

电厂正常运行期间，一台送风空气处理机组和相应的回/排风机中连续运行。通过自动控制室外新风量来维持主控室/技术支持中心相对于周围区域和室外环境的轻微正压。

主控室/技术支持中心送风空气处理机组的风量根据人员舒适，设备冷却需要的冷却空气和在主控室应急居住区非能动热阱投入运行时，其初始室内温度低于设计环境温度的要求来确定。

室外新风由设在新风静压箱处的烟雾探测器连续监测，回风则由送风空气处理机组上游的烟雾探测器连续监测。供给主控室的空气进行连续的放射性监测，同时补充空气过滤

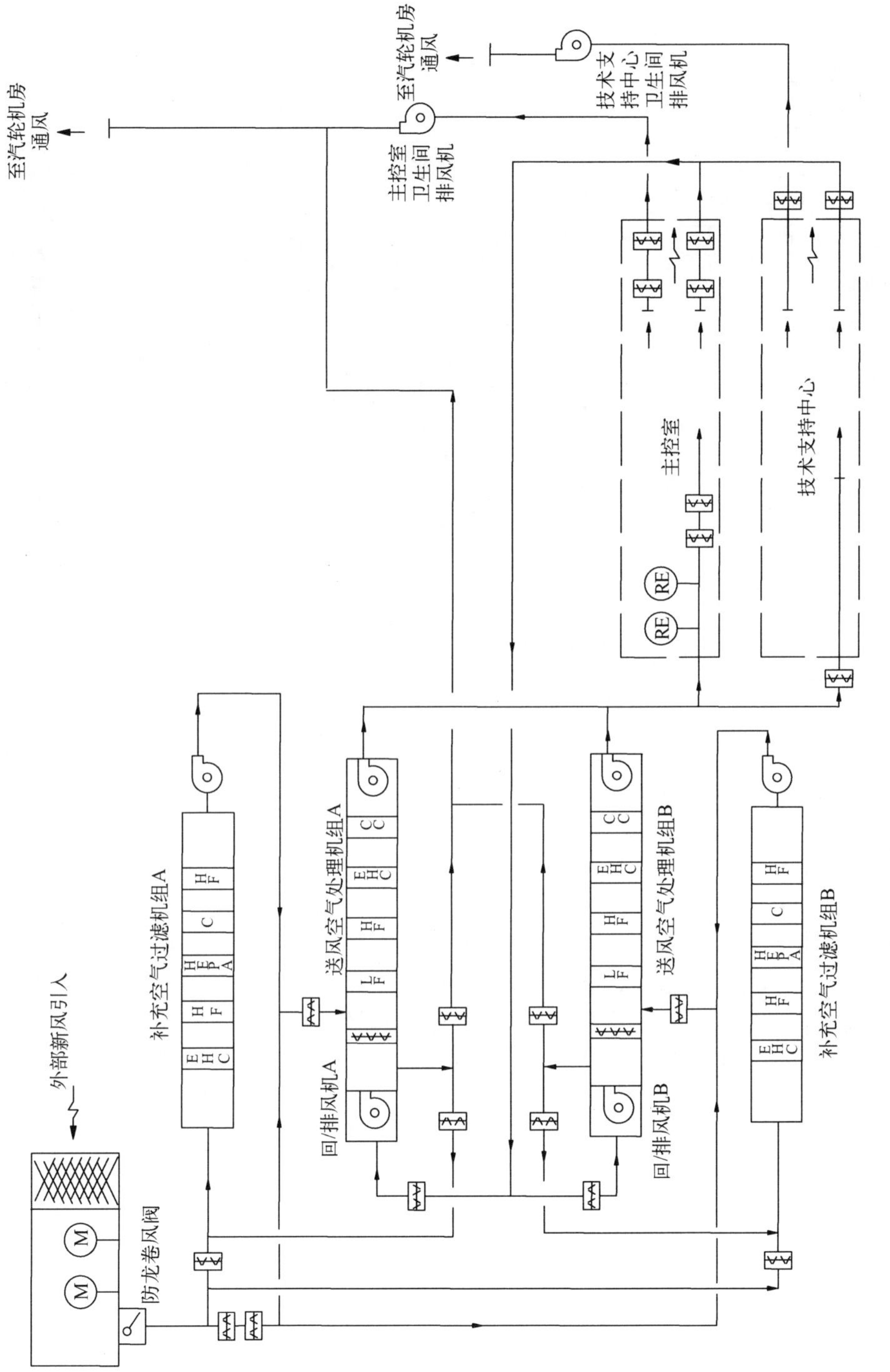

图4-3-1　主控室/技术支持中心HVAC子系统流程图

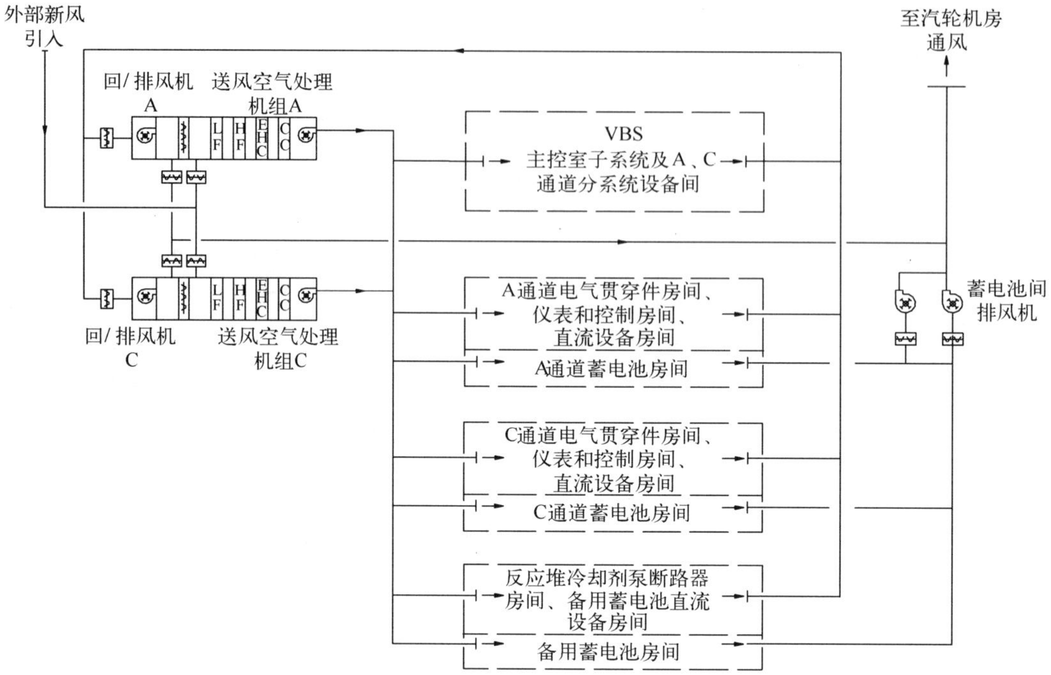

图 4-3-2 A、C 通道 1E 级电气间 HVAC 子系统流程图

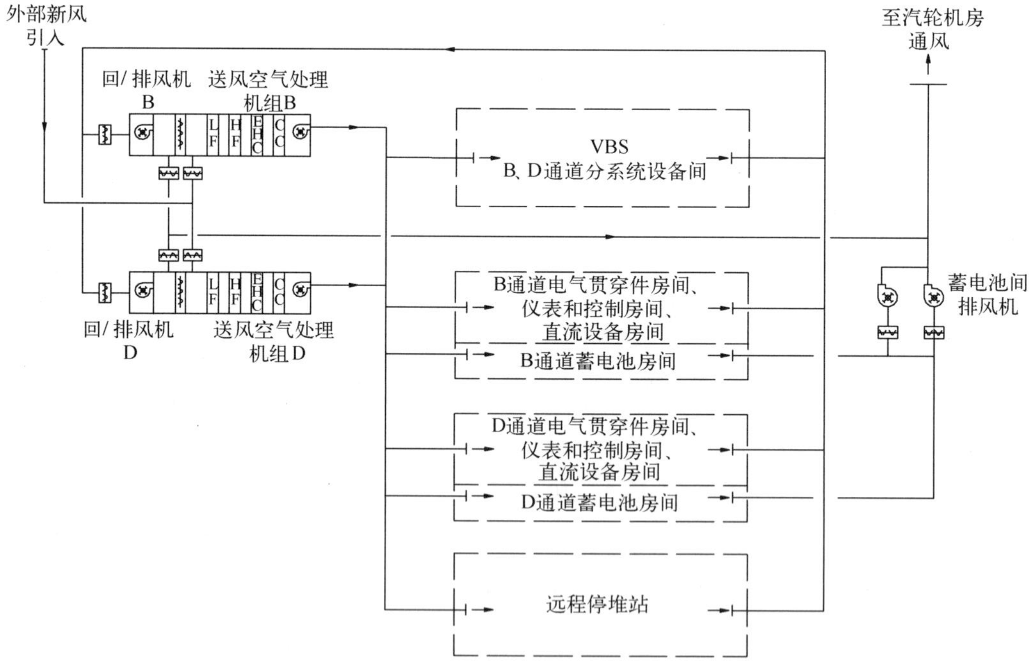

图 4-3-3 B、D 通道 1E 级电气间 HVAC 子系统流程图

机组处于备用模式。

当出现下述任一情况时，正常运行的空气处理机组关闭，备用空气处理机组和相应的回/排风机自动启动：

(1) 运行风机的风量低于或高于设定值；

(2) 回风温度低于或高于设定值；

(3) 主控室与周围区域或外部环境的压差低于或高于设定值；

(4) 运行空气处理机组的控制电源或动力电源丧失。

如果出现下述任一情况，备用空气处理机组和相应的回/排风机手动启动：

(1) 送风机排风温度低于或高于设定值；

(2) 回风相对湿度低于或高于设定范围；

(3) 高效过滤器或低效过滤器压差高。

在主控室送风管探测到两种放射性异常信号时，系统会采取不同的控制方式。一种是气态放射性仪表探测的“高”放射性信号；一种是放射性粒子或放射性碘浓度仪表探测的“高-高”放射性信号。

如在主控室送风管内探测到“高”气态放射性，且主控室/技术支持中心 HVAC 子系统能够运行的情况下，两台补充空气过滤机组全部自动投入运行，利用过滤后的新风将主控室与技术支持中心加压到略高于周围区域和室外环境。房间加压后，手动关闭一台补充空气过滤机组。此时，正常新风吸入管、主控室和技术支持中心的厕所排风管上的隔离风阀关闭。如子系统处于直流通风模式下，则排风的隔离风阀也需关闭。主控室/技术支持中心空气处理机组连续用循环空气提供冷却，维持主控室和技术支持中心在设计温度范围内。补充空气过滤机组将过滤后的室外新风同时加压主控室和技术支持中心区域。来自主控室和技术支持中心的部分循环空气也通过过滤来清除气载放射性。

失去全部交流电源，或在主控室送风管探测到“高-高”放射性粒子或放射性碘浓度时，通过关闭送风、回风和厕所排风的隔离阀，保护和安全监控系统(PMS)自动将主控室与正常主控室/技术支持中心 HVAC 子系统隔离开，主控室可居留性由主控室应急可居留系统维持。

如室外新风吸入管探测到高浓度烟雾时，主控室开始报警，主控室/技术支持中心 HVAC 子系统通过关闭新风管和厕所排风管的隔离阀手动切换至循环模式。主控室和技术支持中心厕所排风机在隔离阀关闭后停运。在循环模式下运行时，主控室/技术支持中心区域未加压。

如果主控室或技术支持中心发生火灾，根据火灾热量或区域烟雾探测器的信号，防火阀自动关闭来隔离着火区域。子系统继续向未受影响区域提供通风冷却，并维持未受影响区域有轻微的正压。主控室/技术支持中心 HVAC 子系统能够手动切换至直流通风模式，开启空气处理机组混合段的新风阀，关闭回风阀，使 100%的新风进入送风空气处理机组。这种模式下，子系统的排风隔离风阀打开，将回风直接排至汽轮机厂房通风。

失去厂外交流电源时，主控室/技术支持中心通风子系统将切换到厂内备用柴油发电机供电。

失去全部交流电源时，主控室/技术支持中心通风子系统停运，保护和安全监控系统(PMS)触发主控室边界隔离阀关闭，并启动主控室应急可居留系统，为主控室提供冷却、加压及呼吸所需的新鲜空气。如果失电超过 72 h，并且室外新风的放射性水平和化学性质满足要求时，开启两台主控室辅助风机中的任一台，将室外新风送到主控室，通过这种方式来维持主控室的可居留性。室外新风通过主控室/技术支持中心通风子系统的送风管接到辅助风机，最终排至附属厂房。辅助风机的容量和风量维持主控室环境温度接近室外日平均温度。供给辅助风机的电源来自辅助柴油发电机组产生的电力。

4.3.3.2 1E 级电气间 HVAC 子系统

电厂正常运行期间，每个分系统的一台送风空气处理机组，回/排风机和蓄电池室排风机连续运行，提供室温控制，维持 1E 级电气间应急非能动热阱投入运行时的初始室内温度低于设计环境温度，排出 1E 级蓄电池间的空气以防止氢气积聚。

电厂正常运行期间，1E 级蓄电池室的排风直接排至汽轮机厂房通风。

如果发生下列情况中的任何一种时，备用送风空气处理机组和相应的回/排风机自动启动：

(1) 正在运行的风机风量高于或低于设定值；

(2) 回风温度高于或低于设定值；

(3) 运行机组的控制电源或动力电源丧失。

当主控室/技术支持中心 HVAC 子系统的主控室送风管内探测到气载放射性"高"，或放射性粒子、放射性碘浓度"高-高"时，1E 级电气间 HVAC 子系统的运行不受影响。主控室操纵员可根据需要手动停运电气间 HVAC 子系统。

如室外新风引入口探测到高浓度烟雾时，主控室开始报警，分系统通过关闭送风空气处理机组混合段的新风吸入风阀手动调整至循环模式，100%的室内空气回到送风空气处理机组。分系统连续提供冷却、通风和温度控制来维持所服务区域在设计的温度和压力范围内。

如果 1E 级电气间发生火灾，根据火灾热量或区域烟雾探测器的信号，防火阀自动关闭来隔离着火区域。受影响的分系统继续向其余区域提供通风冷却，并维持其余区域有轻微的正压，任何一个分系统或全部分系统都可以手动调整到直流通风模式。直流通风模式时空气处理机组混合段的新风阀打开，回风阀关闭，100%的新风进入送风空气处理机组。分系统的排风隔离风阀打开，将室内空气直接排至汽轮机厂房通风。

失去厂外交流电源时，1E 级电气间 HVAC 子系统自动切换到厂内备用柴油发电机。

失去全部交流电源时，1E 级电气间 HVAC 子系统停运，由主控室应急可居留系统(VES)的 1E 级电气间非能动热阱提供区域温度控制。失电超过 72 h 后，B、C 通道仪控间的辅助风机启动，将室外新风送至仪控间。辅助风机的电源来自辅助柴油发电机组。

4.3.3.3 PCS 阀门间加热和通风子系统

PCS 阀门间加热和通风子系统排风机连续运行，将室内空气排至室外大气，维持室温在正常设计温度范围内。当需要加热时，其中一台电加热器由室温控制启停。另一台备用电加热器则在室温下降至低于设定值时自动启动。

失去厂外交流电源时，PCS 阀门间电加热器自动切换至厂内备用柴油发电机供电。

4.4　安全壳再循环冷却系统(VCS)

4.4.1　系统功能

（1）控制安全壳厂房所有区域(包括反应堆堆腔)环境温度,以满足人员可进入性和设备可运行性。

（2）在安全壳整体泄漏率试验期间,维持均匀的安全壳内温度和压力。

（3）在停堆期间,通过提供便携式过滤器的连接,控制蒸汽发生器隔间内的污染空气向安全壳其他区域的扩散。

（4）搅浑安全壳内的空气,来支持安全壳空气过滤系统(VFS)对安全壳内的污染空气进行的净化。

（5）为安全壳大气除湿,将凝结的水分排往核岛液体废物系统(WLS),并监测安全壳内不可识别的蒸汽泄漏。

4.4.2　系统描述

安全壳再循环冷却系统由两个100%容量的风机盘管组件组成,两个风机盘管组件通过一根公用的环形母管和分配系统相连。每个风机盘管组件包括两台50%容量的循环风机、一个中间设分隔板的回风混合静压箱以及两个冷却盘管组件,每个冷却盘管组件包括三组每边与回风混合静压箱相连的冷却盘管,见图4-4-1。

循环风机为螺旋桨轴流型,高效叶轮直联、叶片可调。风机垂直安装在回风混合静压箱的顶部。风机电机为不过载的双速电机。正常运行时风机高速运行;当环境空气密度高时,如安全壳整体泄漏率试验期间,风机低速运行。风机由厂内备用柴油发电机提供备用电源。

为安全壳空气提供冷却和加热的中央冷冻水系统(VWS)和热水加热系统(VYS)的管线合并为公用管线后进入安全壳内。一般情况下,中央冷冻水系统往冷却盘管供应冷冻水以冷却安全壳大气。只有在反应堆停堆后,当室外气温低于设定值时,冷却盘管供水由操作人员手动从中央冷冻水系统切换至热水加热系统。

4.4.3　系统运行

4.4.3.1　正常运行

电站正常运行时,每个风机盘管组件中的一台循环风机中从操作层上部空间吸入空气,并将冷空气通过环形母管及分配管网送入操作层上部和下部的各小室、隔间和通道区,使安全壳平均温度低于120 ℉(48.89 ℃)。另外,冷空气还送入堆腔和反应堆支承区,以维持反应堆堆腔区混凝土平均温度小于150 ℉(65.56 ℃)且局部最高温度小于200 ℉(93.33 ℃),反应堆支撑区混凝土平均温度小于135 ℉(57.2 ℃)且局部温度小于180 ℉(82.2 ℃)。

因送风吸收了安全壳内不同设备散发的热量,故回风因其密度减小而从垂直通道和开孔处上升至安全壳上部空间,在那里再次被吸入风机盘管组件,经冷却、除湿并循环。

当运行风机故障时,相应出口管线风量低信号会触发风机盘管组件内的备用风机自动启动。

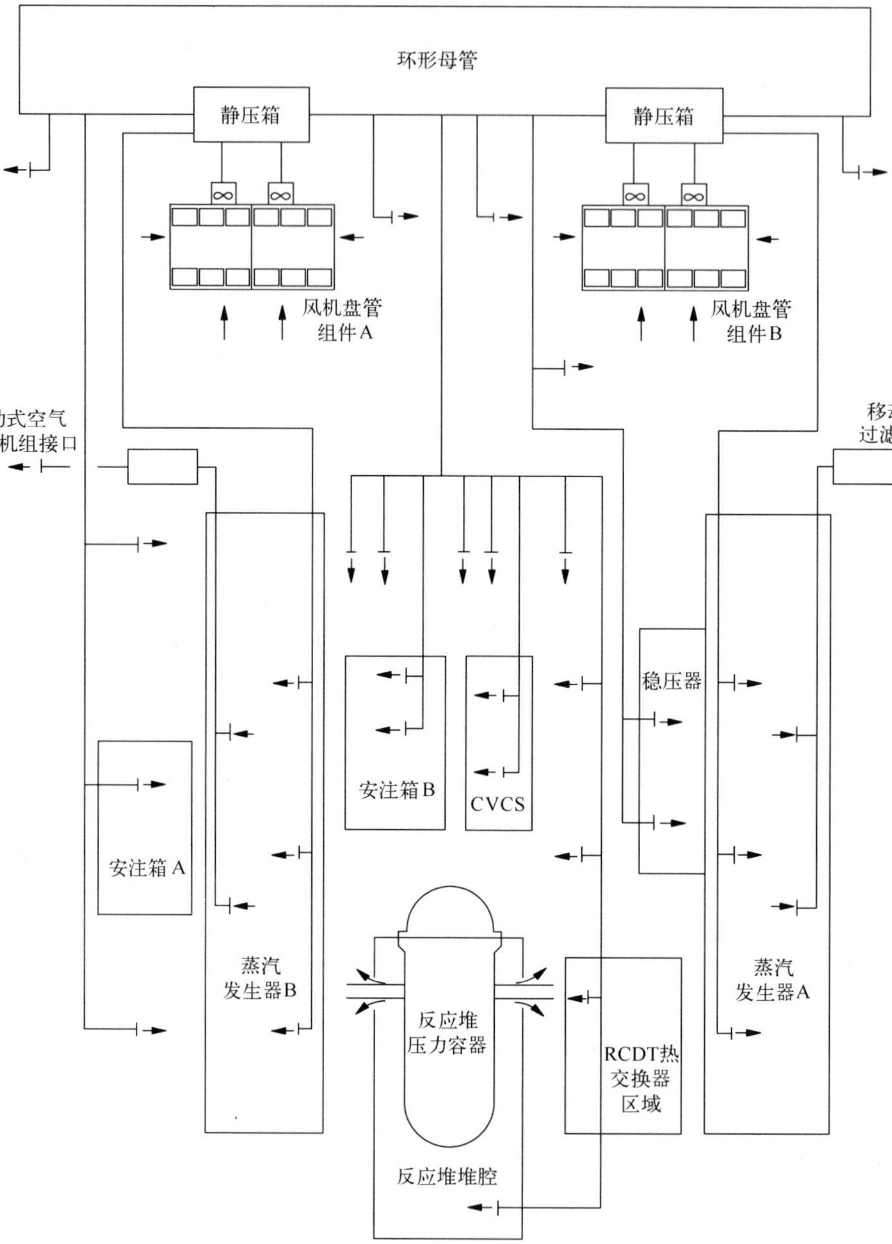

图 4-4-1 安全壳循环冷却系统流程图

4.4.3.2 停堆和换料运行

反应堆停堆时，根据环境温度切换冷冻水及热水，控制安全壳环境温度低于 70 ℉(21.1 ℃)，高于 50 ℉(10 ℃)以满足人员进入和维修的要求。

另外，系统还设置一个蒸汽发生器维修空间通风子系统及一台移动式排风净化机组。维修通风子系统保护维修人员且控制蒸汽发生器的气溶胶污染扩散到其他安全壳区域。蒸汽发生器维修区通风子系统包括：永久安装的在蒸汽发生器端头附近的带软接头的排风管。

排风管的另一头与移动式排风净化机组相连。当维修子系统运行时，软管将与排风管相连以使排风净化机组净化蒸汽发生器间的空气并将其排入安全壳。此时，每个蒸汽发生器隔间的送风管上的隔离风阀关闭。

4.4.3.3 整体泄漏率试验运行

进行安全壳整体泄漏率试验时，风机盘管组件的运行由主控室操纵员控制。由于试验时，安全壳内压力会达到59 psig(0.41 MPa(表压力))，空气密度较高，故每个风机盘管组件的一台循环风机需要以低速运行，防止风机电机超功率。

4.4.3.4 瞬态及事故工况

安全壳再循环冷却系统不要求缓解设计基准燃料操作事故或LOCA产生的影响。如果瞬态事故后系统能够运行，则事故后恢复手段，系统投运以降低安全壳内温度和压力，此时风机需要低速运行。

在类似蒸汽管道小破口或仪表管道破裂等异常瞬态工况，或者非能动安全壳冷却系统(PCS)误启动，或者失去厂外交流电源的事件后，如果中央冷冻水系统及厂内外交流电源可用，则主控室操纵员手动投运安全壳循环冷却系统，以恢复安全壳温度和压力，缓解故障后果。由于上述工况下，安全壳内空气密度较大，风机需要低速运行。

4.5 安全壳空气过滤系统(VFS)

4.5.1 系统功能

安全壳空气过滤系统(VFS)为安全壳、燃料操作区域和辅助/附属厂房其他放射性控制区(除热机修车间和保健物理区域以外)提供服务。除了安全壳隔离以保持安全壳完整性外，系统没有其他安全相关功能，其他功能包括：

(1) 净化安全壳空气，维持气载放射性在可接受的水平，以支持正常运行工况下可能的人员进入。

(2) 在冷停堆或换料停堆工况下，净化安全壳空气以减少潜在的气载放射性物质，保护人员安全。

(3) 将安全壳内空气排入厂房烟囱并监测和净化以限制厂址边界放射性气溶胶的排放在可接受的水平。

(4) 净化安全壳排风，以维持向厂外释放的气载放射性在正常水平。

(5) 电厂烟囱减少了排风返回到HVAC新风入口的可能性。

(6) 测量、显示、记录电厂向环境排风中放射性物质的浓度，并在主控室中提供报警和指示。

(7) 在电厂正常运行时，间断地为安全壳送、排风以维持安全壳压力在设计压力范围之内。

(8) 为安全壳送风提供除湿和温度控制，以减少安全壳再循环冷却系统(VCS)冷却盘管上的冷凝水量。

(9) 当放射性控制区通风系统(VAS)由于气载放射性高或压差高而隔离时，安全壳空气过滤系统净化燃料操作区、辅助或附属厂房放射性控制区域的排风，并维持这些区域相对于邻近区域轻微的负压。

4.5.2 系统描述

安全壳空气过滤系统包括两个100%容量的送风子系统和排风子系统，送风子系统与安全壳相连，而排风子系统与安全壳，燃料操作区域，以及辅助/附属厂房的其他放射性控制区域相连。系统流程图见图4-5-1。

每台送风空气处理机组包括：初效过滤段、高效过滤段、热水加热盘管、冷冻水冷却盘管和一台送风机。加热和冷却盘管的容量足以保持送风温度在55 ℉(12.8 ℃)并除湿，以满足停堆时进入安全壳的人员的舒适度要求，同时尽可能减少安全壳再循环冷却系统冷却盘管的冷凝水量。

每台排风过滤机组包括：电加热器、前置高效过滤器、HEPA过滤器、活性炭吸附器、后置高效过滤器和一台排风机。排风机在过滤机组下游提供负压，以防止空气旁通过滤机组。过滤机组可有效去除99%的颗粒和90%的放射性碘。

穿越安全壳压力边界的安全壳空气过滤系统的送风和排风管尺寸为直径36 in(914.4 mm)。每个贯穿件包含壳内和壳外支管接头，支管上安装有直径16 in(406.4 mm)安全壳隔离阀，当安全壳空气过滤系统连接到安全壳时，阀门打开。36 in管的端头用盲板封堵，当将来需要大容量清洗时可使用。当安全壳空气过滤系统与安全壳相连，发生LOCA时，通过关闭送风和排风管上的16 in阀，将不会导致大剂量的放射性释放。

安全壳整体泄漏率试验期间，排风贯穿件也可用于安全壳泄漏率试验系统(VUS)对安全壳进行加压和减压时的连接部件。另外，安全壳整体泄漏率试验不包括安全壳排风过滤子系统，泄漏率试验时系统隔离。

排风过滤机组下游的公用管网内设置了气态放射性监测仪，当探测到不正常气态放射性时报警。电厂烟囱内的放射性监测仪则监测排入环境的气体、颗粒和碘浓度。

4.5.3 系统运行

4.5.3.1 正常运行

电厂正常运行时，由主控室操纵员定期运行安全壳空气过滤系统来清洗安全壳内空气以降低气载放射性，或将安全壳内压力维持在正常运行范围内。一台空气处理机组将室外空气进行过滤、冷却或加热送至安全壳操作层上部。通过调节送风机入口导叶来控制风量为定值，以补偿过滤器压损或安全壳压力的变化的影响。

冷却盘管由中央冷冻水系统(VWS)提供的冷冻水冷却并除湿室外空气。加热盘管由热水加热系统(VYS)提供热水。

每台空气处理机组的送风温度由设于送风管内的温度传感器控制。送风温度低时，加热盘管前的风阀将调节加热送风量。送风温度高时，调节冷却送风的冷冻水量。送风由设于空气处理机组下游的公用风管内的感烟装置连续监测。

当排风过滤机组与安全壳相连时，通过调节排风机入口导叶来控制通过排风过滤器的风量为定值，以补偿过滤器压损，或因风机单台或并联运行引起的系统阻力变化，或安全壳压力变化的影响。与安全壳相连的排风管上有一对并联的隔离阀，当安全壳内正压时，操作

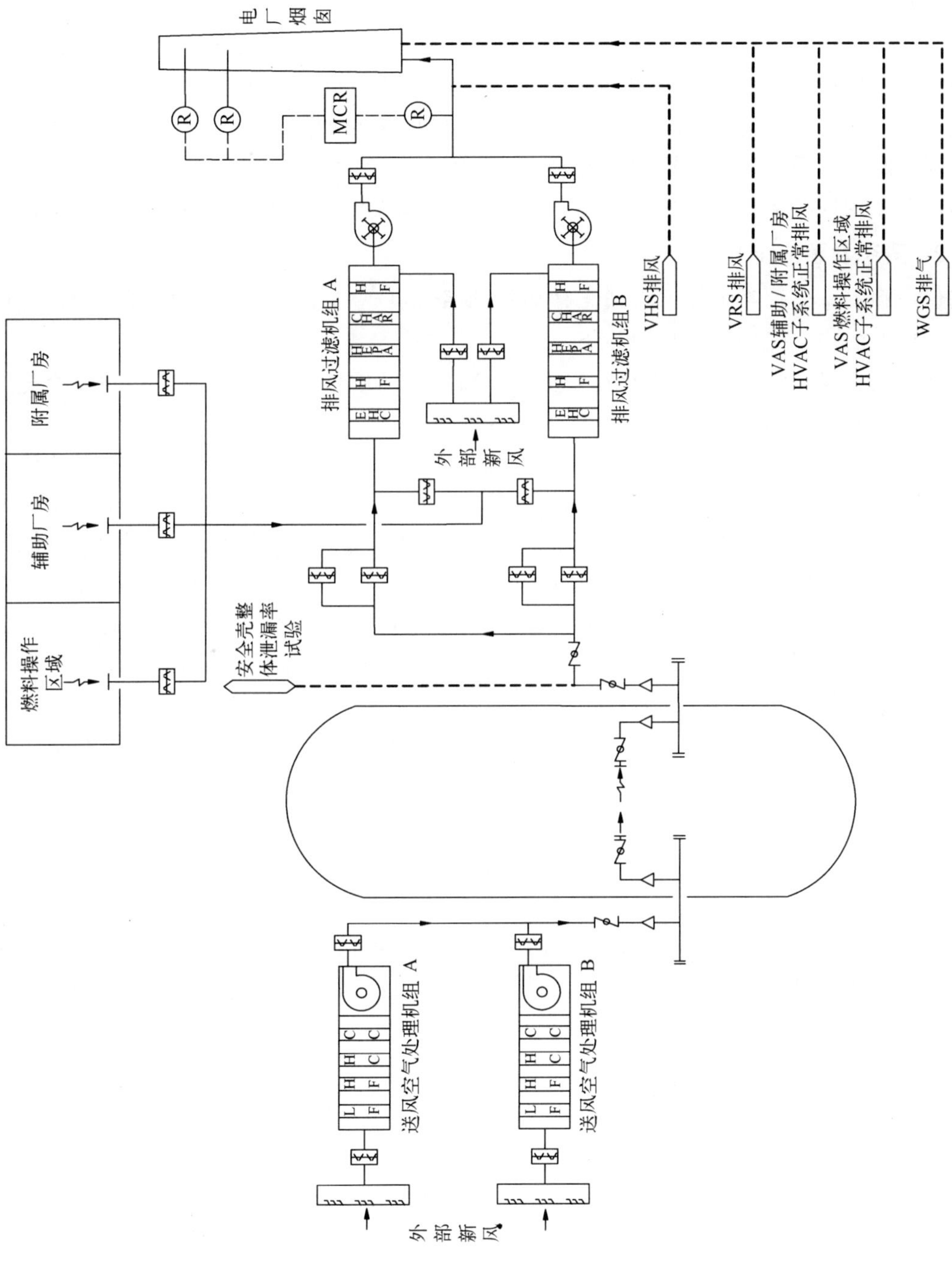

图4-5-1　安全壳空气过滤系统流程图

人员根据预定值选择打开适当的隔离阀，限制风量，维持排风过滤机组内为负压，以防止未经净化的空气旁通过滤器。

安全壳内净化后的排风由排风机经电厂烟囱排入大气。烟囱内的气流在排入环境前进行放射性水平监测。

单个子系统运行时，如果运行序列故障，备用送风和排风机组可由操作人员手动启动。

反应堆停堆前及停堆过程中，安全壳空气过滤系统的一个或全部子系统投入运行，以在人员进入前去除气载放射性。环境温度较低时，送风由热水加热系统加热。排风过滤机组电加热器控制进入活性炭吸附器的排风的相对湿度小于70%。

当两个序列同时运行，安全壳空气过滤系统提供的最大风量约合每小时换气0.21次。

4.5.3.2 瞬态及事故工况

当保护和安全监控系统(PMS)或多样化驱动系统(DAS)发出安全壳隔离信号时，送风和排风管道上的安全壳隔离阀自动关闭。

即使安全壳保持隔离，如果不存在安全壳内高放射性信号，主控室操纵员可将安全壳空气过滤系统与安全壳相连，以净化潜在的气载放射性。

如果燃料操作区、辅助/附属厂房放射性控制区探测到高气载放射性或高压差，放射性控制区通风系统将受影响的区域与环境隔离，并启动安全壳空气过滤系统排风子系统。通过调节排风机入口导叶来维持排风量为定值。调节室外新风阀来控制通过HEPA过滤器和活性炭吸附器的风量以维持隔离区相对于干净区为轻微负压。如果一台排风过滤机组在线到安全壳，控制逻辑优先启动备用的排风过滤机组以减少对安全壳净化过程的干扰。如果全部排风过滤机组不处于备用状态或者都与安全壳相连，则排风过滤机组A优先启动(或切换)以净化隔离的放射性控制区。

失去厂外交流电源时，安全壳空气过滤系统的送风及排风子系统自动停运，操纵员可手动将其与厂内备用柴油发电机电源相连。

安全壳空气过滤系统不需缓解设计基准下的燃料操作事故或LOCA。如果排风子系统可运行且交流电源可用，则其可用于支持事故后恢复运行。电厂烟囱的宽量程放射性探测器监测排入烟囱的排风。

系统的风管在穿越防火屏障处设置了防火阀，以在分区内发生火灾发生时隔离每个防火分区。如果送风母管中探测到烟气，产生报警信号，电厂操纵员可以根据需要手动停运送风空气处理机组。

4.6 中央冷冻水系统(VWS)

4.6.1 系统功能

中央冷冻水系统为电厂加热、通风和空调(HVAC)系统的空气处理机组及其他需要冷冻水冷却的设备提供冷冻水源。

中央冷冻水系统为非安全相关系统，除了安全壳隔离以保持安全壳完整性外没有其他安全相关功能。

4.6.2 系统描述

本系统包含两个闭环子系统:大容量冷却子系统和小容量冷却子系统。

大容量冷却子系统包含两台85%容量的水冷冷冻水泵、两台15%容量的风冷冷冻水泵、两台85%容量的水冷冷水机组、两台15%容量的风冷冷水机组、一个化学加药箱、一个膨胀水箱,以及相关的阀门、管道和仪表。系统按两个机械序列并列布置,共用供水管和回水管。每个序列包括一台85%容量的水冷冷冻水泵、一台15%容量的风冷冷冻水泵、一台85%容量的水冷冷水机组和一台15%容量的风冷冷水机组。两台水冷冷冻水泵、两台风冷冷冻水泵出口各有一根连通管,可以使冷冻水泵向相邻的另一冷水机组供水。系统中设置一根旁通管,在冷量需求改变时,保证流经冷水机组的冷冻水量恒定。冷水机组冷凝器的冷却水来自设备冷却水系统。大容量冷却子系统设备布置在汽轮机厂房内,流程图见图4-6-1。

大容量冷却子系统为下列HVAC系统提供冷冻水:放射性控制区通风系统(VAS)、安全壳再循环冷却系统(VCS)、安全壳空气过滤系统(VFS)、核岛保健物理和热机修车间通风空调系统(VHS)、放射性废物厂房通风空调系统(VRS)、附属/辅助厂房非放射性通风系统(VXS)和汽轮机厂房通风系统(VTS);此外,子系统还为核岛液体废物系统(WLS)、气体废物系统(WGS)、安全壳泄漏率试验系统(VUS)设备以及移动式放射性废物设备提供冷冻水。

小容量冷却子系统包含两个独立的100%容量的冷冻水序列。每个序列包含一台冷冻水泵,一台风冷冷水机组,一个膨胀罐,以及相关的阀门、管道和仪表。两个序列分别配置供水母管和回水母管,但共用一个化学加药箱。小容量冷却子系统的风冷冷水机组放置在辅助厂房屋顶,冷冻水泵和膨胀水箱放置在冷水机组下方的辅助厂房内,流程图见图4-6-2。

小容量冷却子系统为核岛非放射性通风系统的有关冷却盘管、放射性控制区通风系统补给水泵房和正常余热排出泵房单元式冷却机组提供冷冻水。其中一个序列为下列用户提供冷冻水:1E级电气间HVAC子系统(VBS)的空气处理机组A、D;主控室/技术支持中心HVAC子系统(VBS)的空气处理机组A;放射性控制区通风系统中的补给水泵房单元冷却器A和正常余热排出泵房的单元冷却器A、B。另一个序列为下列用户提供冷冻水:1E级电气间HVAC子系统(VBS)的空气处理机组B、C;主控室/技术支持中心HVAC子系统(VBS)的空气处理机组B;放射性控制区通风系统中的补给水泵房单元冷却器B和正常余热排出泵房的单元冷却器A、B。

4.6.3 主要设备

4.6.3.1 冷冻水泵

系统共有6台冷冻水泵,均为单级卧式离心泵,由交流电动机通过联轴器驱动。冷冻水泵材料为铸铁,进出口均为法兰连接。每台泵的流量均为相应的冷水机组设计负荷的最大流量。

4.6.3.2 水冷冷水机组

系统共有两台水冷冷水机组,每台冷水机组由压缩机、冷凝器、蒸汽发生器和连接管道、

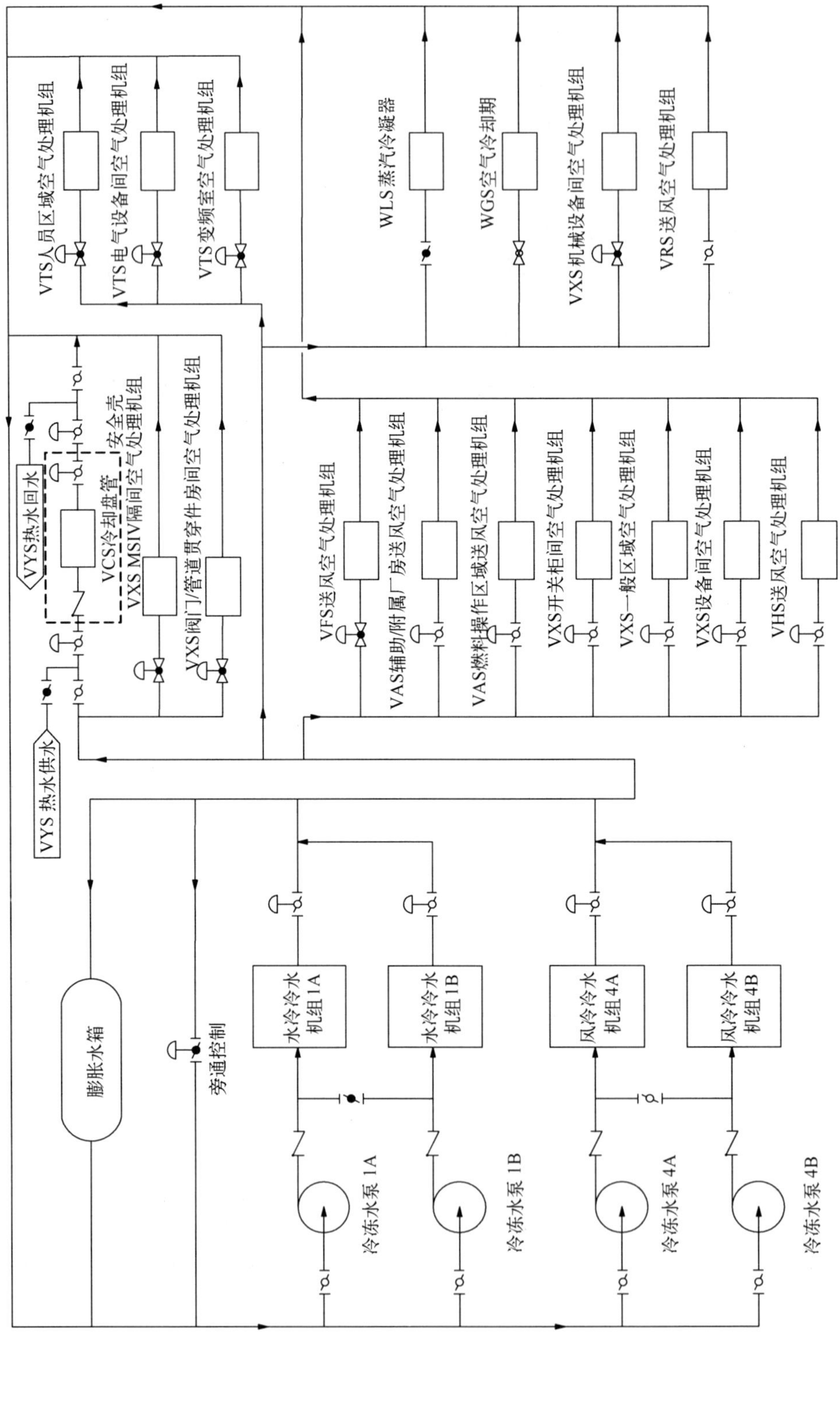

图4-6-1 VWS大容量冷却子系统流程图

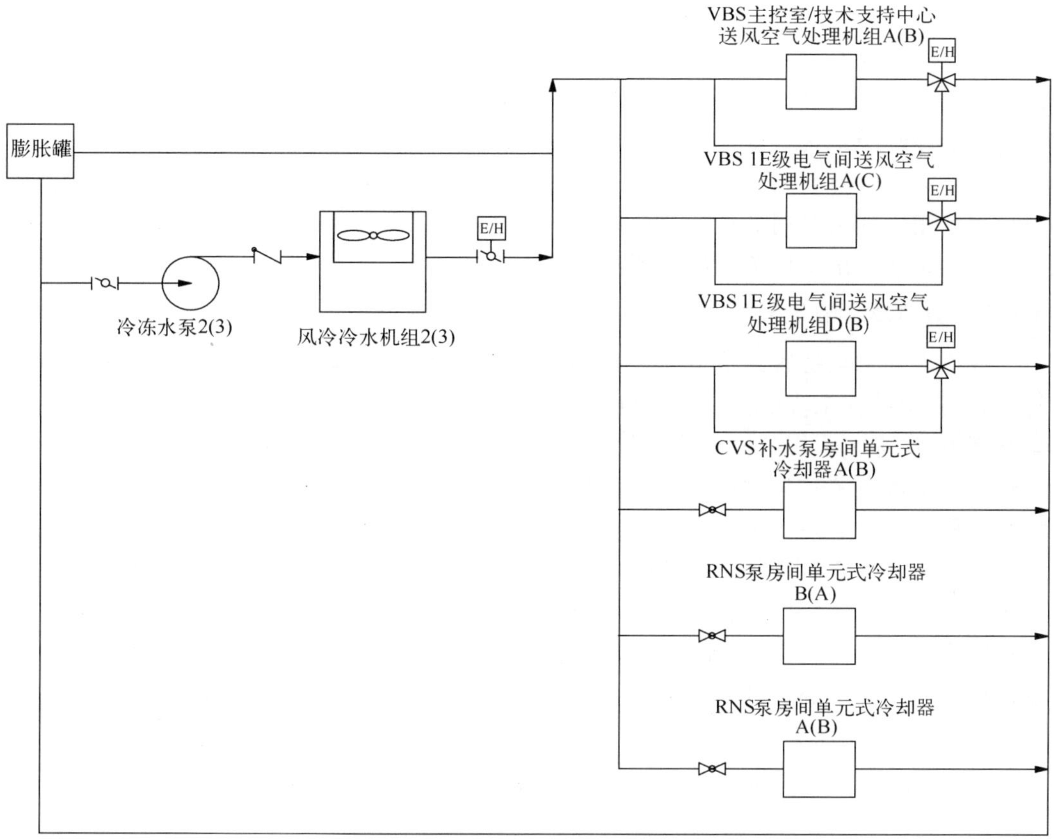

图 4-6-2　VWS 小容量冷却子系统 A(B)列流程图

控制器组成，采用环保的制冷剂。

4.6.3.3　风冷冷水机组

系统共有 4 台风冷冷水机组，每台冷水机组由压缩机、冷凝器、蒸汽发生器和连接管道、控制器组成，采用环保的制冷剂。

4.6.3.4　膨胀水箱

系统分别采用一台开式膨胀水箱和两台闭式膨胀罐进行系统定压。大容量冷却子系统采用开式膨胀水箱，设置在系统的最高点，接至冷冻水泵吸入管。小容量冷却子系统采用冲氮气的闭式膨胀罐，接至冷冻水泵吸入管。膨胀水箱的作用是维持水泵的净正吸入压头，补偿由于温度变化引起的水体积变化。

4.6.3.5　化学加药箱

化学加药箱和相关管道用于向冷冻水系统加化学药品以维持水质，防止管道腐蚀。

4.6.4　系统运行

4.6.4.1　正常运行

大容量冷却子系统正常运行工况下，至少一台冷冻水泵和一台冷水机组运行，为电厂设备提供正常温度为 40 ℉(4.4 ℃)的冷冻水。电厂冬季停堆期间，接往安全壳再循环冷却系统冷却盘管的冷冻水供回水管可以关闭，手动切换至热水加热系统进行供热。当任何一台泵或冷水机组发生故障而使序列不可用时，备用序列将手动投入运行。

小容量冷却子系统正常运行工况下，一台冷冻水泵和一台冷水机组运行，为系统设备提供正常温度为 40 ℉(4.4 ℃)的冷冻水。当小容量冷却子系统中的一个序列不可用时，操纵员可启用备用序列为备用的核岛非放射性通风系统的空气处理机组、放射性控制区补给水泵房和正常余热排出泵房单元冷却器提供冷冻水。

4.6.4.2 瞬态及事故工况

大容量冷却子系统管路贯穿安全壳，为安全壳再循环系统冷却盘管提供冷冻水。冷冻水供、回水管上的安全壳隔离阀在接到安全壳隔离信号时关闭。只要电源不中断，在安全壳隔离状态下，冷冻水系统的其他管路保持正常运行。

在厂外交流电源丧失时，小容量冷却子系统的冷水机组、冷冻水泵和其他电气设备根据自动带载程序接至厂内备用柴油发电机。小容量冷却子系统在异常工况下的运行方式和正常工况下相同。大容量冷却子系统的冷水机组、冷冻水泵和其他电气设备则根据备用柴油发电机的可用容量评估后，由操纵员进行有选择的供电。

在某些电厂瞬时工况下，如果系统可用，大容量冷却子系统可通过安全壳再循环冷却系统排出安全壳空气中的热量。

4.7 热水加热系统(VYS)

4.7.1 系统功能

在天气寒冷时为特定非安全相关的空气处理机组，单元加热器和风管加热盘管提供热水。此外，在电厂冬季停堆期间为安全壳再循环冷却系统(VCS)风机盘管组件的冷却盘管提供热水。

4.7.2 系统描述

加热系统由用来产生热水的一套换热装置和将热水送到各空气处理机组与单元加热器的热水分配系统组成，主要包括热交换器、热水泵、波动箱和加药装置，是一个非核安全相关的系统(见图 4-7-1)。

热水加热系统通过热交换器，使用汽轮机高压缸排汽或者辅助锅炉蒸汽的热量来加热水。热水再由热水泵输送至通风、加热及空调系统(HVAC)中的热水盘管中。热交换器中的蒸汽冷凝水通过控制液位的疏水阀排至凝汽器或者辅助锅炉的给水系统。

两台 100%容量的热水泵从闭环系统中的回水母管上取水，供水至两台 100%容量的热交换器，然后把水送至供水母管。通过调节进入热交换器的加热蒸汽的流量，以满足系统热负荷并维持系统水温。波动箱利用了所在高度和氮气加压的方法来保持热水泵的吸入口处系统最小的压力大于饱和压力，以防止热水闪蒸。波动箱的补水来自除盐水。

在电站冬天停堆期间，热水供至安全壳再循环冷却系统风机盘管组件中的冷却盘管中以加热安全壳内的空气。而在电站的正常运行期间，热水加热系统和安全壳的风机盘管组

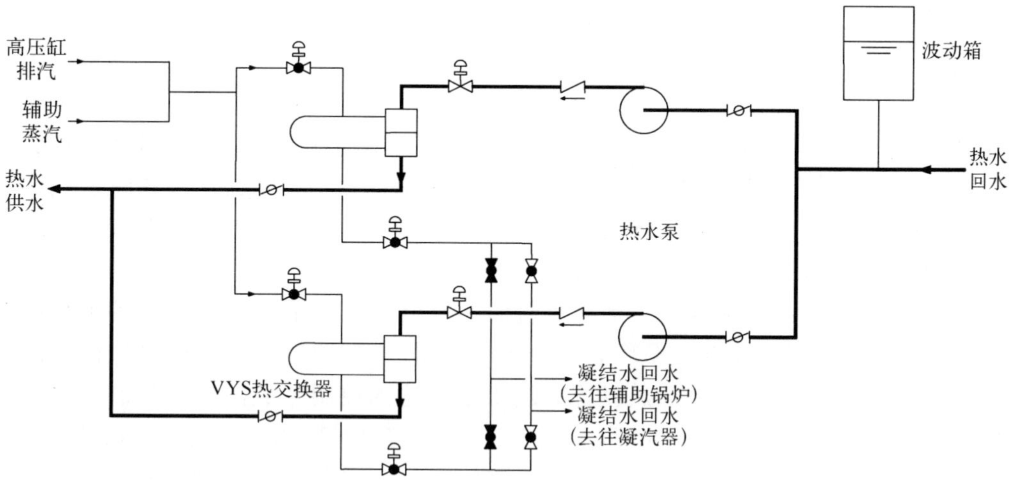

图 4-7-1　热水加热系统流程图

件是隔离开的。这些风机盘管组件，安全壳供、回水管和安全壳隔离阀都是中央冷冻水系统（VWS）的一部分。

4.7.3　主要设备

4.7.3.1　热交换器

两个热交换器为卧式管壳式，带疏水冷却段的蒸汽冷凝式热交换器，且利用低压蒸汽的汽化潜热来加热水。热水循环流过加热器的管侧，蒸汽则进入壳侧。热交换器位于汽轮机厂房内热水加热系统热水泵的下游。

4.7.3.2　热水泵

一台热水泵将把热水送到加热盘管和单元加热器。泵均为电机驱动的水平单级离心泵。

4.7.3.3　波动箱

波动箱补偿由于运行温度变化导致的水容积改变。另外，依靠除盐水储存和分配系统（DWS）的补水，波动箱还能补偿闭环系统的外漏。由于正常情况波动箱的液位维持在箱体的中部，故它还可以补偿其他系统向闭环系统内的泄漏。

波动箱由碳钢焊接而成，并由氮气加压。

4.7.3.4　加药罐

加药罐为系统提供缓蚀剂搅混。

加药罐是一个碳钢结构、容量 19 加仑（71.9 L）的立式圆柱体，其顶部设有铰链式开口可添加化学药剂，其侧面设有与泵的出口连接的接口。

4.7.4　系统运行

当厂址环境温度低于 73 ℉（22.78 ℃）时，操纵员手动启动热水加热系统，以提供人员供暖。当环境温度降至 50 ℉(10 ℃)时,系统还需为设备供暖以防止其冻结。

由于闭环系统中充满了除盐水,因此需要添加缓蚀剂,并定期取样。

在热交换器的出口处测量温度,通过自动调节加热蒸汽的流量,维持热交换器的出口温度恒定。

通过控制热交换器向凝汽器的疏水量来保持在每个热交换器的水位。正常情况下,热水加热系统利用汽轮机高压缸排汽来加热水。当反应堆停堆,高压缸排汽及新蒸汽都不可用时,辅助锅炉将通过辅助蒸汽母管提供加热蒸汽,此时需切换阀门使每个热交换器的蒸汽冷凝水回到汽机排污箱内。

根据加热系统的要求,流向各个加热盘管的热水流量可由平衡水流的手动平衡阀或者温控阀来控制。通过风机使空气循环通过单元加热器,或者调节空气处理机组内风阀控制通过加热盘管的风量,或者调节加热盘管的热水量来达到控制区域温度的目的。在放射性废物厂房内设有正常隔离的热水供、回水管接口,以在需要时加热可移动的废物处理系统。

在厂内交流电源丧失期间,操纵员基于投资保护的考虑确定某些设备,通过手动切换热水加热系统、辅助蒸汽供应系统(ASS)以及相应的 HVAC 系统至厂内备用柴油发电机供电,加热这些设备所在的区域。

4.8 其他厂房加热、通风及空调系统

4.8.1 核岛保健物理和热机修车间通风空调系统(VHS)

核岛保健物理和热机修车间通风空调系统(VHS)服务于附属厂房楼梯间,人员去污区、放射性辐射检测和监测仪器、放射性监测仪标定区和位于附属厂房的保健物理仪器和热机修车间。

本系统为一个直流式通风系统,包括送风和排风两个子系统。送风子系统包括两台 100%容量的空气处理机组,送风管上设置蒸汽加湿器以维持室内相对湿度为 35%。排风子系统包括两台 100%容量的离心排风机,以及一台单独的设前置高效过滤器的热机修车间排风机。

两个子系统联合运行,以满足维持服务区域的温度和控制空气的流道及区域负压的功能要求。系统排风至电厂烟囱。

4.8.2 放射性废物厂房通风空调系统(VRS)

放射性废物厂房通风空调系统(VRS)是为放射性废物厂房,包括干净的电气/机械设备间,可能被污染的 HVAC 设备间,封装废物储藏间,废物堆积间和可移动系统设备服务。

本系统为直流式通风系统,包括送风和排风两个子系统。送风子系统包括两台 50%容量的空气处理机组,两台机组出口连接至一个公用的风管系统。排风子系统包括两台 50%容量的离心排风机。

两个子系统联合运行,以满足维持服务区的温度和控制空气的流道及区域负压的功能要求。系统排风至电厂烟囱。

4.8.3 附属/辅助厂房非放射性通风系统(VXS)

附属/辅助厂房的非放射性通风系统(VXS)服务于附属厂房中的非放射性人员和设备区域、电气设备间、干净走廊、辅助柴油发电机房和除盐水除氧间以及辅助厂房中的主蒸汽隔离阀间、反应堆紧急停堆开关间和管道与电气贯穿区域。

系统提供下述纵深防御功能：

(1) 为电气开关间，蓄电池充电间和附属厂房非放射性空调设备间提供冷却；

(2) 丧失厂外电源并同时丧失冷冻水期间，在厂内备用电源系统运行时为电气开关间，蓄电池充电间和附属厂房非放射性空调设备间提供通风冷却。

本系统包括六个子系统：一般区域 HVAC 子系统，开关柜房间 HVAC 子系统，设备间 HVAC 子系统，MSIV 隔间 HVAC 子系统，机械设备区域 HVAC 子系统和阀门/管道贯穿件房间 HVAC 子系统。系统中部分空调设备由备用柴油发电机供电。

一般区域 HVAC 子系统服务于安全区域外的附属厂房人员停留区域。系统包括两台50%容量的送风空气处理机组，一台加湿器，一台卫生间/淋浴屋顶排风机。

开关间 HVAC 子系统服务于附属厂房内的电气开关间 1 和 2。系统包括两台 100%容量的送风空气处理机组。本子系统设计成可通过设置成直流式通风排烟模式来进行火灾后排烟。可替代的 HVAC 子系统在主要系统的空气处理机组由于火灾失效时能为这些区域提供通风冷却。可替代的 HVAC 子系统包括一台 100%容量的送风机和一台 100%容量的排风机，风机安装在附属厂房墙上。

设备间 HVAC 子系统服务于附属和辅助厂房的电气和机械设备间，也服务于附属厂房内的安全区域办公室和中央报警站。子系统包括两台 100%容量的空气处理机组，两台蓄电池室排风机，一台卫生间排风机，以及一台设在通往安全区域的风管支管上的加湿器，用来维持最低相对湿度为 35%。每个非 1E 级蓄电池室设置一个独立的排风系统，防止房间内氢气的积聚。每个排风系统设一台排风机，排风机为防爆型，空气处理机组送风至蓄电池室再由单独的排风机排至室外大气。

MSIV 隔间 HVAC 子系统服务于辅助厂房内的两个主蒸汽隔离阀间，每个阀门间设有独立的加热和冷却设备。本系统每个阀门间均包括两台 100%容量的空气处理机组，机组与备用电源系统相连。每个阀门间的一台机组通常处于运行状态。

机械设备区域 HVAC 子系统服务于附属厂房内的辅助柴油发电机房，除盐水去氧间和硼酸计量间等区域。系统包括两台 50%容量的空气处理机组。

阀门/管道贯穿件房间 HVAC 子系统服务于辅助厂房的阀门/管道贯穿件房间，系统包括两台 100%容量的空气处理机组。

4.8.4 柴油发电机厂房供热和通风系统(VZS)

柴油发电机厂房供热和通风系统(VZS)是为备用柴油发电机房、电气设备服务组件室、柴油机房内的日用油箱间和位于厂区靠近储油罐的两个柴油传输组件室服务的。就地供热和通风系统将用于楼梯井和安保室的空气调节。

该系统提供下列非安全相关纵深防御功能：

(1) 在柴油发电机运行期间，为柴油发电机厂房及电气设备服务模块提供室外空气，以维持设计环境温度，从而支持柴油发电机实现纵深防御功能；

(2) 提供加热及室外空气以维持柴油传送组件的设计环境温度，从而支持备用柴油机燃油系统(DOS)实现其纵深防御功能。

该系统包括 4 个子系统：正常供热和通风子系统，备用排风通风子系统，燃油日贮存箱室排风子系统，柴油机油输送设施房间通风和供热子系统。

正常供热和通风子系统服务柴油发电机间，每个柴油发电机序列设置一台独立的通风和加热设备。两个正常供热和通风子系统各自均包括一台 100%容量的柴油发电机间空气处理机组，一台 100%容量的服务模块空气处理机组，燃油储存区的排风机，和两台 50%容量的柴油发电机区电加热器。

每个柴油发电机房间的备用排风通风子系统均包括两台 50%容量的屋顶排风机，共两台。

每个燃油日贮存箱室排风子系统均包括一台 100%容量的离心式屋顶排风机，共两台。

每个柴油机油输送设施房间通风和供热子系统均包括一台 100%容量的屋顶排风机和一台 100%容量的电加热器。

4.8.5 汽轮机厂房通风系统(VTS)

汽轮发电机厂房通风、空调系统包括：

(1) 汽轮机房通风系统；

(2) 汽轮机房第一跨通风系统；

(3) 汽轮机房第一跨变频室通风空调系统；

(4) 励磁间降温通风空调系统；

(5) 凝结水精处理控制室通风空调系统；

(6) 电气厂房通风空调系统；

(7) 消防泵房通风系统；

(8) 油箱室通风系统；

(9) 高温架间通风系统；

(10) 仪表架间空调系统。

根据汽轮机厂房半地下的布置形式，汽轮机房采用机械进风、机械排风的通风方式，通风系统维持汽轮机厂房全年保持微正压。

汽轮发电机厂房第一跨采用自然进风、机械排风的通风方式。

汽轮发电机厂房内各空调系统采用集中或独立的空调系统，空调冷冻水接自中央冷冻水系统(VWS)。

电气厂房及底层化学厂房均采用自然进风、机械排风的通风方式，通风系统维持化学厂房全年保持负压。

4.8.6 其他 BOP 厂房 HVAC 系统

另外，辅助建筑通风空调系统、海水淡化及除盐水厂房通风系统、220 kV 和 500 kV GIS 及网控楼通风和空调系统、水系统通风空调系统分别为除柴油机厂房外的其他 BOP 厂房提供了加热、通风及空调服务。

辅助建筑通风空调系统包括：辅助锅炉房通风空调系统、油净化室通风系统。

海水淡化及除盐水厂房通风系统包括：海水淡化及除盐水车间通风系统、泵房间通风系统、空压机间通风系统、加药间通风系统、再生间通风系统、低压 MCC 柜室通风系统、中压配电柜室通风系统、厕所通风系统。

220 kV 和 500 kV GIS 及网控楼通风和空调系统包括：220 kV GIS 通风系统、500 kV GIS 通风系统、网控楼空调及通风降温系统。

水系统通风空调系统包括：循环水泵房通风空调系统、废水处理酸碱间通风系统、电解海水制次氯酸钠间通风空调系统。

复习思考题

1. 放射性控制区域通风系统(VAS)主要服务于哪些区域？
2. 请简述核岛非放射性通风系统(VBS)的安全相关功能。
3. 请列举中央冷冻水系统(VWS)小容量冷却子系统的用户。
4. 请简述热水加热系统(VYS)的功能。

第五章　放射性废物处理系统

5.1　核岛液体废物系统(WLS)

5.1.1　系统功能

核岛液体废物系统(WLS)用于控制、收集、处理、运输、贮存和处置正常运行以及预期运行事件所产生的放射性废液。

核岛液体废物系统执行下述安全相关功能：

(1) 安全壳隔离；

(2) 从化学和容积控制系统(CVS)和非能动堆芯冷却系统(PXS)隔间疏水至安全壳地坑的疏水管线装有止回阀,防止倒流,避免这些隔间的交叉水淹。

这样的倒流不但会造成一些安全相关设备执行其安全功能前就被淹没,还会造成安全壳淹没水位的降低。而淹没水位的降低会影响到非能动堆芯冷却系统的重力驱动再循环能力。

5.1.2　系统描述

核岛液体废物系统由安全壳地坑、反应堆冷却剂疏水箱、流出液暂存箱、废液暂存箱、化学废液箱、监测箱、脱气塔、热交换器、离子交换器、过滤器、泵及相应仪表、管道、阀门等组成,见图 5-1-1。

核岛液体废物系统的废液来源主要有四类:反应堆冷却剂系统流出液、地面疏水和其他潜在悬浮固体颗粒杂质含量高的废液、洗涤剂废液、化学废液。

5.1.2.1　反应堆冷却剂系统流出液

流出液子系统接收的含硼和含氢废液主要有两个来源:反应堆冷却剂疏水箱及化学和容积控制系统。反应堆冷却剂疏水箱收集安全壳内一回路系统和设备的泄漏和疏水。化学和容积控制系统(CVS)的流出液主要在反应堆冷却剂系统升温、硼浓度改变和换料时产生。

来自化学和容积控制系统下泄管线或反应堆冷却剂疏水箱的反应堆冷却剂流出液通常含有氢气或溶解性放射性气体,因此需要先经过核岛液体废物系统的真空脱气塔除气。经脱气塔分离出来的气体经过一台汽水分离器后去往气体废物系统,而液体则由一台脱气塔排水泵输送至指定的流出液暂存箱。

5.1.2.2　地面疏水和其他悬浮固体颗粒杂质含量高的废液

该类废液主要包括安全壳地坑收集的废水和放射性废水疏排系统(WRS)辅助厂房地坑收集的废水以及放射性固体废物系统的过剩排水,该类废水收集在废液暂存箱中。

废液暂存箱中可加入添加剂以改进过滤器和离子交换器的处理效果。废液暂存箱中的废液通过再循环进行混合和取样。

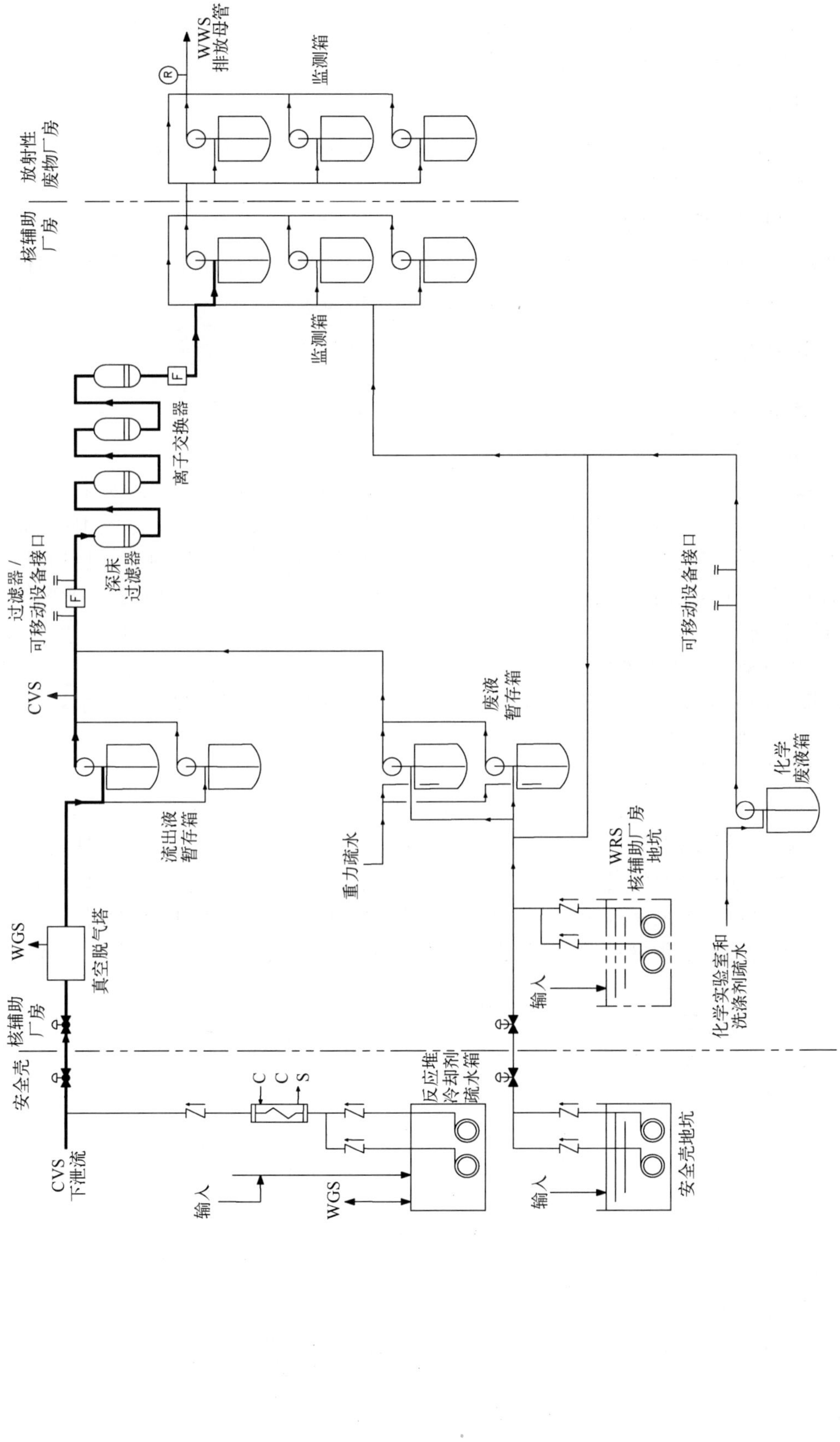

图5-1-1　核岛液体废物系统流程图

5.1.2.3 洗涤剂废液

放射性废水疏排系统(WRS)收集的来自附属厂房的洗涤剂废液含有肥皂水和洗涤剂,洗涤剂废液不经处理直接输送到化学废液箱内。

5.1.2.4 化学废液

放射性废水疏排系统(WRS)收集的来自辅助厂房放射性化学实验室的地面疏水量较少,通常直接排入化学废液箱。

5.1.2.5 二回路系统流出液

核岛液体废物系统不处理二回路系统非放射性废液,当在二回路中测得的放射性浓度较高时,排污水将转送至核岛液体废物系统进行处理和处置。

5.1.3 主要设备

5.1.3.1 水箱

(1) 反应堆冷却剂疏水箱(RCDT)

反应堆冷却剂疏水箱(RCDT)为不锈钢结构、卧式圆柱体箱体、半球形封头水箱。

反应堆冷却剂疏水箱采用氮气覆盖,该水箱通向气体废物系统排气管线上的阀门常关,只有在水箱内压力超过设定值时,阀门才会开启。反应堆冷却剂疏水箱内的液位通过反应堆冷却剂疏水泵和排放阀自动控制,保证液位在规定范围内,以减小水箱内的压力变化。如果反应堆冷却剂疏水箱内的温度过高,则系统将发出报警以提示操纵员冷却剂泄漏量超过了设计值,并自动将水箱内液体通过反应堆冷却剂疏水箱热交换器进行循环冷却。记录和指示反应堆冷却剂疏水箱的累积排放量,可用于评估反应堆冷却剂泄漏量。疏水箱配有真空破坏器及卸压阀,分别用于防止疏水箱外压过高和内压过高。

(2) 脱气塔

系统设置一台单级不锈钢脱气塔。进水呈喷雾状进入脱气塔的顶部,充分混合、扩大液体表面积曝露在脱气塔内气空间,并分为小股水流沿壁面流下。进水在低压下沸腾。蒸汽连同含气废液一起从沿脱气塔填料流下。低压脱出的不凝性气体符合亨利定律,经真空接口排出。真空接口位置最靠近脱气水位置,这里的真空度最高,最不易再吸收气体。在脱气塔真空接口处设置不锈钢网的除雾器,去除夹带在流向蒸汽冷凝器的混合废气/蒸汽中的水滴。

(3) 脱气塔分离器

系统设置一台不锈钢脱气塔分离器。它从真空泵排放流中分离出压缩水回用,同时还可起到消声器的作用。

(4) 流出液暂存箱

流出液暂存箱用于在处理前贮存冷却剂流出液。流出液暂存箱是不锈钢水箱,箱体为卧式圆柱体,底部接有泵吸入管,侧面设有人孔,方便维修。

流出液暂存箱排气至放射性控制区通风系统,排气管上安装有氢浓度监测仪,当氢浓度过高时向操纵员报警。

(5) 废液暂存箱

废液暂存箱在处理前贮存地面和设备疏水。箱体为立式圆柱体,底部接有泵吸入管,侧面设有人孔，方便维修。

（6）监测箱

监测箱在排放前贮存处理后的废液。箱体为立式圆柱体，底部接有泵吸入管，侧面设有人孔，方便维修。

（7）化学废液箱

化学废液箱在移动式设备处理前贮存化学废液、热水槽疏水和淋浴器疏水。箱体为立式圆柱体，底部接有泵吸入管，侧面设有人孔，方便维修。

（8）安全壳地坑

安全壳地坑是一个嵌入混凝土中的长方体不锈钢水箱。

5.1.3.2　泵

（1）反应堆冷却剂疏水箱泵

系统设有两台100%容量的反应堆冷却剂疏水泵，疏水泵可使疏水箱内流出液进行循环，以对其进行冷却，冷却后再将其排到脱气塔或流出液暂存箱。这两台立式离心地坑泵具有永久性润滑轴承和机械密封，能在高、低液位时自动启动或停运。

（2）安全壳地坑泵

系统设有两台100%容量的安全壳地坑泵，用于将安全壳地坑内的废液抽送至废液暂存箱。这两台地坑泵具有永久润滑轴承和机械密封，能在高、低液位时自动启动或停运。

（3）脱气真空泵

系统设有两台100%容量的液环式脱气真空泵，用于维持脱气塔内的低压，以保证有效脱气。这两台液环式泵用水作为压缩剂，并加以循环使用来减少废液产生量。过量的蒸汽凝结水则排入流出液暂存箱内。

（4）脱气分离泵

系统设有两台100%容量的离心式脱气分离泵，用于回收从脱气塔分离器排放的压缩水，并送回脱气真空泵。脱气分离泵也可用于将积聚在分离器中的过量压缩水排往流出液暂存箱。泵按需启动、停运。泵采用不锈钢材料，有一个机械密封。

（5）气动双隔膜泵

下列气动双隔膜泵位于相关箱体旁，内设吸入管线，泵采用不锈钢材料，设有弹性隔膜。

1）脱气塔排放泵（2台）；

2）流出液暂存箱泵（2台）；

3）废液暂存箱泵（2台）；

4）监测箱泵（6台）；

5）化学废液箱泵（1台）。

5.1.3.3　热交换器

（1）反应堆冷却剂疏水箱热交换器

反应堆冷却剂疏水箱上设置有一台卧式U形管热交换器。热交换器采用管板式法兰连接，便于管束拆卸检查和清洗。热交换器可以防止反应堆冷却剂疏水箱由于出现高温水泄漏而引起的箱内沸腾。冷却时，反应堆冷却剂疏水箱内流出液流经热交换器的（不锈钢）管侧，冷却水流经（碳钢）壳侧。

(2) 蒸汽冷凝器

系统设有一台汽水分离器，用于辅助脱气真空泵分离水分，使气体干燥后送入气体废物系统中。在蒸汽冷凝器内，大部分水蒸气凝结后和废气流分离，气体随后进入真空泵。蒸汽冷凝器采用冷冻水冷却。冷冻水流经蒸汽冷凝器(不锈钢)管侧，水蒸气在(不锈钢)壳侧冷凝后经过冷段排出。不凝性气体和冷凝液在泵入口母管内混合后，排至液环式真空泵。

5.1.3.4 离子交换器

系统设有 4 台离子交换床。4 台立式圆柱体离子交换器设有用于树脂填充、冲洗和排放的接口。在废液出口、冲洗水出口和溢流口都装有树脂滞留筛，以减少压降。

第 1 台离子交换床的顶部装有活性炭起到深床过滤器的作用，用于去除地面疏水中的油。在处理相对干净的废液流时，可将第 1 台离子交换床旁路。这台离子交换床略微比另外 3 台大，另外设置排放接口用于更换床体顶部的活性炭，更换活性炭不影响下层离子交换床(硅酸盐)工作，还可减少固体放射性废物的产生量。

第 2、3、4 台离子交换床相同，可根据电厂情况选择性的注入不同类型树脂。

5.1.3.5 过滤器

离子床前过滤器用于在废液进入离子交换器前收集工艺流中的杂质颗粒。设备为不锈钢结构，可更换过滤器芯子。

离子床后过滤器用于收集离子交换后废液中的杂质颗粒，如碎树脂。设备为不锈钢结构，可更换过滤器芯子。

5.1.4 系统运行

5.1.4.1 反应堆冷却剂系统流出液处理

从反应堆冷却剂疏水箱排出的废液可能含较高浓度的可溶性氢，须先排到脱气塔进行除气。而在反应堆冷却剂系统的环路疏水时，氢气和放射性气体浓度较低，可以直接排至流出液暂存箱。化学和容积控制系统下泄流直接排至脱气塔。通过隔离反应堆冷却剂疏水箱泵可阻止反应堆冷却剂疏水箱内流出液进入脱气塔，优先处理化学和容积控制系统下泄流，以免超出脱气塔的设计处理能力。

当脱气塔和气体废物系统运行时，启动一台脱气真空泵维持脱气塔内的真空。脱气塔分离泵将压缩水送回真空泵。脱气塔分离器中的气体排往气体废物系统。脱气塔液位通过将脱气塔冷凝产生的过量水排至流出液暂存箱来自动控制。出现异常高液位时，化学和容积控制系统下泄流将自动关闭。

系统设置两个流出液暂存箱。一个水箱接受废液，当箱内的液体装到适当液位时，向操纵员发出该水箱已满，准备进行处理的报警。在水箱发出高高液位报警时，入口阀自动切换，将流出液排往另一个暂存箱。

流出液暂存箱内的液体经过循环和取样后，可以通过脱气塔的循环进一步脱气，或经化学和容积控制系统补水泵返回反应堆冷却剂系统，或通过离子交换器处理，或送往废物厂房内移动式处理设备处理。

在停堆前，化学和容积控制系统以开环形式运行，通过核岛液体废物系统脱气塔进行反应堆冷却剂系统脱气。一台流出液暂存箱退出正常废液处理和疏水。正常的化学和容积控制系统下泄流经脱气塔处理后送入这台流出液暂存箱。然后由流出液暂存箱泵将流出液输送回化学和容积控制系统补水泵入口。补水泵以正常方式将下泄流送回反应堆冷却剂系统。

在主系统环路疏水运行期间，由流出液暂存箱贮存反应堆冷却剂，也可以由化学和容积控制系统补水泵将冷却剂送回主系统。在流出液暂存箱接受冷却剂之前，操纵员先将水箱完全排空，所以主系统的硼浓度不会受到大的影响。

流出液暂存箱内液体的正常处理模式是通过过滤和离子交换去除放射性物质。离子交换床采用串联运行。任何一台离子交换床都能手动旁路。

当离子交换床下游的定期取样分析显示放射性增加超过了预定的限值，操纵员将隔离这台失效的离子交换床，更换树脂。废液继续流经其他的离子交换床，直到这台树脂更换完毕。最后两台离子交换床的次序可以互换，当其中一台更换树脂完毕时，这台新添加的离子交换床将作为最下游的处理设备。这样，最后一台离子交换床一直具有精滤功能，当上游装置失效时，可阻止大量放射性进入监测箱，能保证上游离子交换床的处理能力得到充分利用，减少废树脂的产生。

过滤器高压差报警警告操纵员需要更换过滤器芯子。通常，根据滤芯定期检查是否出现高放射性来确定过滤器滤芯的更换。

经过过滤和离子交换的废液通常排放到六个监测箱中一个中。当这个监测箱充满时，触发报警，警告操纵员监测箱已满需要排放。在出现高高液位报警时，入口阀自动切换，将废液转送至另一个监测箱。

操纵员启动监测箱泵，循环监测箱内废液后进行取样，确定其放射性和化学特性。万一出现放射性超过排放限值时，监测箱中的液体将被送回废液暂存箱进行再处理。通常情况下，监测箱内废液的放射性水平远低于排放限值，这些废液汇入循环水系统(CWS)排放流中稀释排放。通过控制排放废液的流量来限制流入循环水排放流中的放射性水平以满足当地要求。如监测到排放流出现高放射性，则停止排放，并要求操纵员采取措施后恢复排放。另外，厂用水系统(SWS)用作循环水系统(CWS)不运行时的后备稀释水源。

在异常工况下，反应堆冷却剂系统流出液可送至放射性废物厂房内的移动式处理设备进行处理。

5.1.4.2 地面疏水和设备疏水的废液处理

辅助厂房、附属厂房和放射性废物厂房的放射性控制区的地面疏水和设备疏水依靠重力排到放射性废水疏排系统(WRS)辅助厂房地坑内，辅助厂房地坑泵根据地坑液位信号自动启停，将废液排入废液暂存箱。

来自安全壳地坑的地面疏水也排入废液暂存箱。当安全壳地坑液位高时，安全壳隔离阀自动打开，启动一台地坑泵输送地坑内的废液。安全壳地坑液位低时，泵自动停运，隔离阀自动关闭。

这些废液收集到两个废液暂存箱中的一个，当水箱充满时向操纵员发出水箱高液位报警准备处理。在出现高高液位报警时，入口管转换阀自动将液体转送至另一个废液暂存箱。

一般情况下，废液经前过滤器、离子交换器和后过滤器处理后再送至监测箱内。在异常工况下，废液可以直接送至移动处理设施进行处理。

5.1.4.3 洗涤剂废液处理

来自淋浴器的洗涤剂废液排至化学废液箱内。通常，这些废液经取样，确认不需处理则直接排放。如果需要在排放前进行处理，可以采用如下3种方式：

(1) 废液可以排放至废液暂存箱，采用与其他放射性废液相同的方式处理。

(2) 如果洗涤剂废液不适合采用现场处理，可以使用废物厂房的移动式设备处理。移动式设备处理后的废液可以送回废液暂存箱，采用现场设备进一步处理，或送至监测箱取样排放。

(3) 或者将废液运至厂址废物处理设施(SRTF)进行处理。

5.1.4.4 化学废液处理

放射性化学废液收集在化学废液箱中。箱内可添加化学药剂调节pH或其他化学特性。这类废液一般产生量较低。系统可选择性的对化学废液进行处理或直接排放。化学废液还可以使用移动设备在现场处理。当与洗涤水混合时，则与洗涤剂废液采用相同的方式处理。

5.1.4.5 蒸汽发生器排污

蒸汽发生器排污水通常由蒸汽发生器排污系统收集处理。如果蒸汽发生器传热管发生泄漏导致排污出现高放射性，则排污流需送往核岛液体废物系统处理。在该工况下，一台废液暂存箱排空用于处理排污水，排污水送入暂存箱后连续或分批用泵输送至离子交换器进行处理，处理后的排污水收集在监测箱内，取样并进行监测排放。

5.2 气体废物系统(WGS)

5.2.1 系统功能

气体废物系统(WGS)主要功能如下：

(1) 收集放射性废气或含氢气体；

(2) 处理和排放废气，保持厂外放射性释放低于可接受限值。

5.2.2 系统描述

如图5-2-1所示，气体废物系统是一个单程常温活性炭延迟处理系统。系统包括一台气体冷却器、一台汽水分离器、一台活性炭保护床和两台活性炭延迟床。此外，系统中还包括氧气分析和气体取样两个子系统。

5.2.3 主要设备

5.2.3.1 取样泵

系统有两台取样泵。通常一台取样泵连续运行输送废气至氧气分析仪，另一台泵将各取样点的废气定期送至取样筒内，并作为向氧气分析仪输送废气的备用泵。

5.2.3.2 气体冷却器

气体冷却将废气冷却至接近冷冻水温度45 ℉(7.22 ℃)，以便有效除湿。气体冷却器

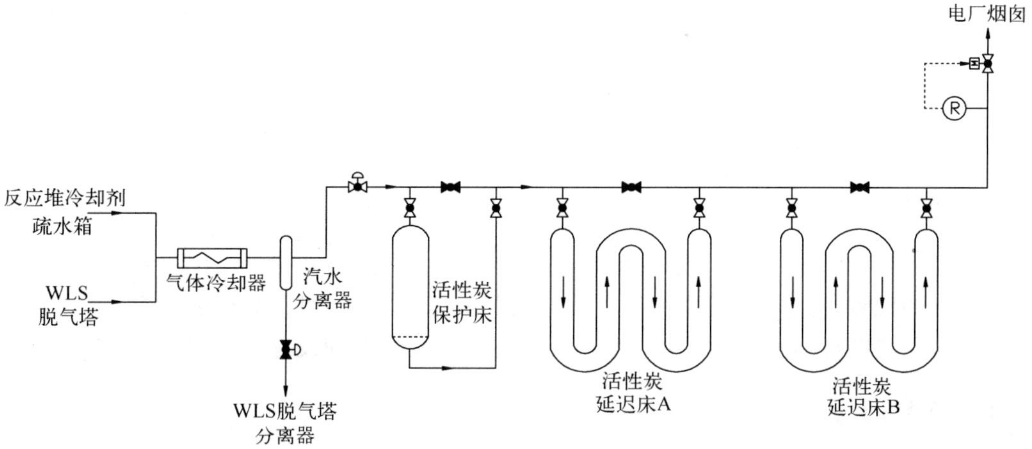

图 5-2-1　气体废物系统流程图

的气压低于冷冻水水压，这样可以防止对冷冻水系统的污染。

5.2.3.3　箱体

（1）活性炭保护床

活性炭保护床防止活性炭延迟床因过高水汽或化学污染物受到损害。正常运行时，活性炭保护床可增加氙和氪的延迟衰变时间，并去除进入系统的碘，保护床出口处设置滞留筛网，防止活性炭的流失。活性炭通过保护床上的盲板法兰进行添加或排出。

（2）活性炭延迟床

系统设置两台活性炭延迟床串联运行。正常运行期间，单台衰变床便可提供足够的处理能力。因此在出现系统运行事件需要隔离一台衰变床时，仍能继续维持气体废物系统的连续运行。在设计基准工况下，每台衰变床都能提供100％系统所需的处理能力。

5.2.4　系统运行

气体废物系统是间断运行的，在电厂正常运行期间的大多数时间里气体废物系统不运行。当没有废气进入气体废物系统时，在排放管线的隔离阀入口处有小流量的氮气注入，以维持气体废物系统处于正压，防止空气进入系统。

排往气体废物系统的气体主要来自核岛液体废物系统的脱气塔及反应堆冷却剂疏水箱。需要处理的废气首先通过气体冷却器管侧被冷却至 45 ℉（7.22 ℃），在由汽水分离器去除其中的水分后，废气一次流过保护床、延迟床完成对废气的处理。

系统在汽水分离器的出口设有温度监测装置，当出现温度异常时向运行人员发出报警，另外，系统还设置了氧气浓度监测，当出现氧气浓度高报警时，氮气自动注入进气管线。

在汽水分离器的疏水管道上设置了一个浮球疏水器，汽水分离器中的冷凝液的液位为自动控制，当汽水分离器低液位时自动关闭，防止废气由于疏水阀泄漏而旁通气体冷却器；当汽水分离器液位过高时，废气出口阀门自动关闭以保护下游的活性炭延迟床。

在延迟床后的排放管线上设有一个隔离阀，在气体废物系统排放管线放射性偏高或通风流量低时自动关闭。若由于失去冷冻水或其他原因，废气进入衰变床之前未能去除水分，将导致气体废物系统性能逐渐下降，此时有可能出现高温或高放射性报警。

5.3 核岛固体废物系统(WSS)

5.3.1 系统功能

核岛固体废物系统(WSS)设计用于收集和暂存正常运行以及预期运行事件产生的废树脂、深床过滤器过滤介质、干活性炭、废过滤器滤芯、放射性干废物和混合废物。这些废物先收集暂存在辅助厂房和废物厂房内，然后送往厂址废物处理设施进一步处理和贮存。

5.3.2 系统描述

核岛固体废物包括废树脂(包含 WLS 深床过滤器过滤介质)、废过滤器滤芯、干固体废物和混合废物。

干固体废物包括可压缩和不可压缩废物(包含 HVAC 过滤器在内)。可压缩废物包括地板覆盖膜、鞋套、防护帽等。不可压缩废物包括干活性炭和其他固体废物，如破损的工具和木制品。这类废物将转运至厂址废物处理设施内压缩、处理、包装和中间贮存。

蒸汽发生器排污系统连续运行时，一回路向二回路泄漏将会导致离子交换树脂受污染，这些废树脂将会留在受污染的电离除盐装置内由厂址废物处理设施进行处理，而不会作为湿废物贮存。

凝结水精处理系统包括净化凝结水的离子交换混床。如果这些树脂受到放射性污染，将从凝结水精处理容器中转入移动式转运箱内，送往厂址废物处理设施。

核岛固体废物系统废物流流程图见图 5-3-1。

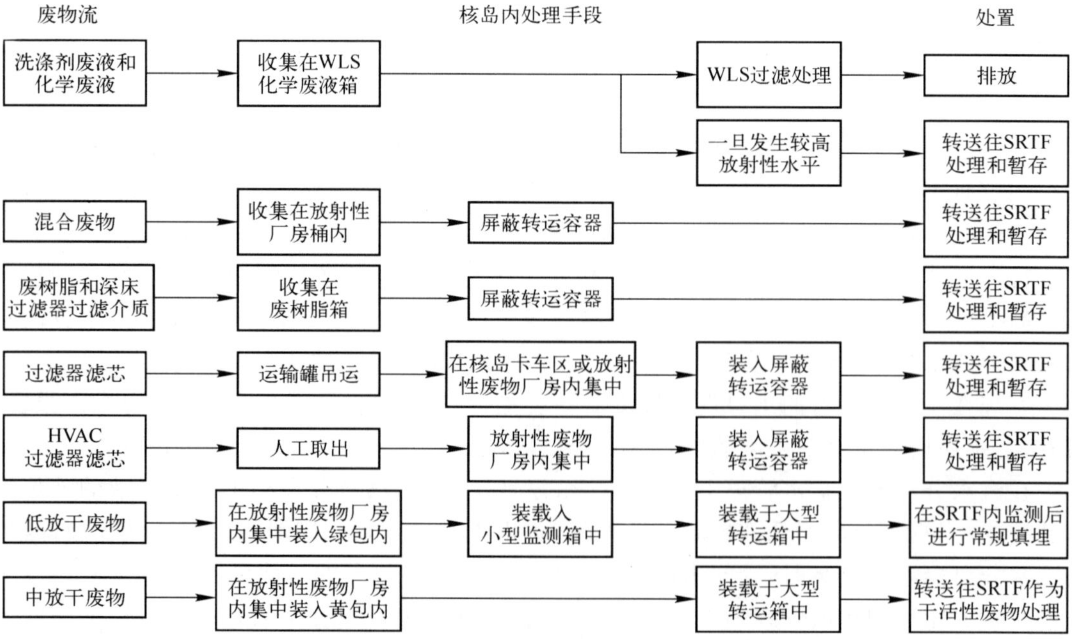

图 5-3-1 核岛固体废物系统废物流流程图

5.3.3 主要设备

5.3.3.1 废树脂箱

废树脂和 WLS 深床过滤器活性炭在处理前，在废树脂箱中贮存衰变。

每个废树脂箱内的树脂通过混合喷射器进行混合，此外箱体还具有脱水、气体鼓泡和疏水功能。超声波液位传感器和树脂滞留筛可进行远距离拆卸。在排气口和溢流口设置筛网避免废树脂的意外排放。

5.3.3.2 树脂混合泵

树脂混合泵为废树脂箱内树脂的流态化和混合提供动力，在废树脂箱之间进行水流输送，将箱内多余的水排至核岛废液处理系统，以及冲洗树脂输送管线。

5.3.3.3 碎树脂过滤器

树脂碎片过滤器将最大限度地防止树脂碎片的扩散，并过滤掉管线冲洗水或废树脂箱向核岛液体废物系统的排放水中的杂质颗粒。

5.3.3.4 树脂输送泵

树脂输送泵为废树脂箱内的废树脂循环混合和取样提供动力。树脂输送泵也用于向废物容器内输送废树脂。

5.3.3.5 树脂取样装置

树脂取样装置在废树脂循环或废树脂装桶时进行取样。系统设置一个移动式屏蔽桶用于取样样品的输送。

5.3.3.6 过滤器运输罐

过滤器运输罐能够远距离更换过滤器滤芯，无泄漏输送至辅助厂房存储区，将过滤器滤芯送入或取出过滤器容器，并将过滤器滤芯装入废物容器内。

5.3.4 系统运行

5.3.4.1 废树脂的装运

除盐水用于输送各种离子交换树脂床的废树脂至废树脂箱。此外，还需确认系统已设置废树脂混合泵将过量的输送水通过碎树脂过滤器排放至核岛液体废物系统。

输送过程中监测箱内液位，并在需要时启动树脂混合泵调节箱内液位。当闭路电视控制板监视器上显示排放水中已不含树脂，输送管内树脂已冲洗干净时，运行人员停止输送冲洗水。

在树脂床输送过程中，废树脂箱内的液位维持在物位高度以上，如果液位不足，则供应除盐水以提高液位。另外，除盐水还作为树脂再循环和废物容器装填操作后冲洗树脂输送管线的备用冲洗水。在树脂床树脂输送后，树脂混合泵将液位降至物位高度以下，以使超声波表面探测仪能够测定水箱内的物位高度。

在任何时候，都可以通过压空或树脂混合泵（在树脂混合模式下）来搅混废树脂箱内的固体树脂。在树脂混合模式下，水从废树脂箱通过树脂滞留筛排出。然后水再通过箱内的混合喷射器返回到箱内，这时由于混合喷射器的搅混作用使得树脂泥浆在箱内的再循环流量相当于树脂混合泵流量的 4 倍。在该运行模式下,废树脂箱内的固体树脂被流态化。

通过树脂混合工况使废树脂箱内的树脂流态化并充分混合后,启动树脂输送泵并置于再循环模式,使树脂浆从废树脂箱内排出后,又回到箱内。在再循环模式或废物容器装填模式下,运行取样装置可获取有代表性的树脂样品。

开启废物容器的填充阀开始废物装填。水则重新回流至废树脂箱内,以此保持系统中水装量,并截下系统中树脂碎片,去除杂质颗粒。

在废物装填过程中,可随时关闭树脂混合泵。当物位传感器探测到或电视录像显示物位高度接近容器顶部时,关闭填充阀。出现高液位或高物位时,填充阀自动关闭。

当填充操作完成时,手动触发管线冲洗控制器,泵和阀门自动运行,冲洗树脂输送管线,冲洗水再回流至废树脂箱。废物容器充填阀短时间开启,以接纳冲洗下来的残余树脂。废树脂混合泵能从废树脂箱提供过滤过的冲洗水。定期运行移动式脱水泵,直至泵出口压力和/或音响显示器显示无脱水流量为止。

废树脂处理系统流程图见图 5-3-2。

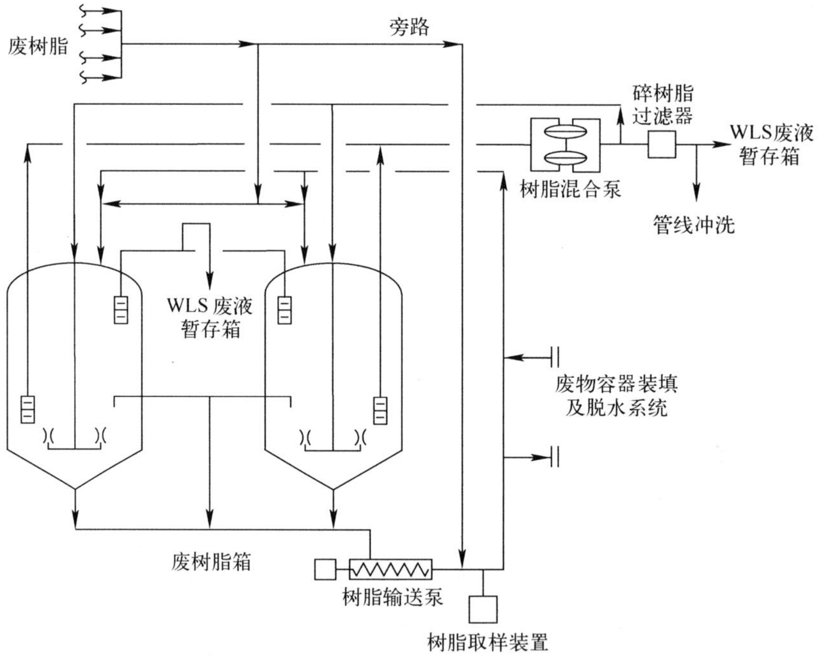

图 5-3-2　废树脂处理系统流程图

5.3.4.2 废过滤器处理

过滤器运输罐用于更换化学和容积控制系统和乏燃料池冷却系统中较高放射性过滤器。

表面剂量低于 15 R/h(0.15 Sv/h)的过滤器可在过滤器屏蔽设施外用拉杆工具更换。中、低放射性过滤器滤芯贮存在废物厂房的低放废物桶内。使用废物厂房起重机将这些废物桶贮存在废物收集间的屏蔽转运容器内。当积累到足够数量时,废物容器将被装运至厂址废物处理设施。

排气通风过滤设备的放射性过滤器装袋后输送至废物厂房内临时储存。这部分过滤器在厂址废物处理设施内和其他放射性干废物一起压缩处理。

5.3.4.3　干废物处理

干废物根据表面剂量率进行分类，以确定适当的处理方法。分类如下：

(1) 低放射性<5 mR/h(50 mSv/h)

(2) 中放射性≥ 5 mR/h(50 mSv/h)且产生热量

来自放射性控制区域表面污染区的废物打包或装入容器，在废物产生地点标注放射性水平、废物类型和处理地点的信息后，将废物袋或容器运至废物厂房，并使用合适的移动式屏蔽措施，分类存放在中、低放射性水平区域内。

5.3.4.4　混合废物处理

来自放射性控制区的固液混合废物采用独立的废物收集桶贮存后运送至废物厂房暂存，然后送至厂址废物处理设施进行处理。

复习思考题

1. 核岛废液废物系统(WLS)的最主要废水来源是什么？
2. 气体废物系统(WGS)的主要废气来源是什么？
3. 核岛固体废物系统(WSS)中除盐水的用途是什么？
4. 核岛固体废物系统(WSS)处理的哪种固体废物最多？